我发现了奥秘

世界上最最前卫的未来科技

[韩]李浩先◎编著

吉林出版集团股份有限公司

图书在版编目(CIP)数据

世界上最最前卫的未来科技/(韩)李浩先编著.—长春：
吉林出版集团股份有限公司，2012.1（2021.6重印）
（我发现了奥秘）
ISBN 978-7-5463-8096-4

Ⅰ.①世… Ⅱ.①李… Ⅲ.①科学技术－技术发展－
世界－儿童读物 Ⅳ.①N11-49

中国版本图书馆CIP数据核字(2011)第264204号

我发现了奥秘
世界上最最前卫的未来科技
SHIJIE SHANG ZUI ZUI QIANWEI DE WEILAI KEJI

出版策划：孙　昶

项目统筹：于姝姝

责任编辑：于姝姝

出　　版：吉林出版集团股份有限公司（www.jlpg.cn）

　　　　　（长春市福祉大路5788号，邮政编码：130118）

发　　行：吉林出版集团译文图书经营有限公司　（http://shop34896900.taobao.com）

总 编 办：0431-81629909

营 销 部：0431-81629880/81629881

印　　刷：三河市燕春印务有限公司（电话：15350686777）

开　　本：889mm×1194mm　1/16

印　　张：9

版　　次：2012年1月第1版

印　　次：2021年6月第7次印刷

定　　价：38.00元

写在前面

　　孩子的脑海里总是会涌现出各种奇怪的想法——为什么雨后会出现彩虹？太阳为什么东升西落？细菌是什么样的？恐龙怎么生活啊？为什么叫海市蜃楼呢？金字塔是金子做成的吗？灯是什么时候发明的？人进入太空为什么飘来飘去不落地呢？……他们对各种事物都充满了好奇，似乎想找到每一种现象产生的原因，有时候父母也会被问得哑口无言，满面愁容，感到力不从心。别急，《我发现了奥秘》这套丛书有孩子最想知道的无数个为什么、最想了解的现象、最感兴趣的话题。孩子自己就可以轻轻松松地阅读并学到知识，解答所有问题。

　　《我发现了奥秘》是一套涵盖宇宙、人体、生物、物理、数学、化学、地理、太空、海洋等各个知识领域的书系，绝对是一场空前的科普盛宴。它通过浅显易懂的语言，搞笑、幽默、夸张的漫画，突破常规的知识点，给孩子提供了一个广阔的阅读空间和想象空间。丛书中的精彩内容不仅能培养孩子的阅读兴趣，还能激发他们发现新事物的能力，读罢大呼"原来如此"，竖起大拇哥啧啧称奇！相信这套丛书一定会让孩子喜欢、令父母满意。

　　还在等什么？让我们现在就出发，一起去发现科学的奥秘！

目 录

乘天梯到月亮上遛一圈儿！

很多小朋友都想去月亮上看看，看它是不是跟在地球上看到的一样美丽。有些小朋友还想知道，嫦娥和玉兔有没有住在月亮上。可是，我们怎么才能到月亮上呢？太空飞船只能坐几个人，走得又很慢，而且船票还特别贵！要是有一条天梯就好了，我们就能沿着梯子一直爬到月亮上了。

哇，天梯的缆绳比头发还细？

　　人类想要建造太空天梯，用什么材料做缆绳合适呢？它不仅要满足轻巧、坚硬的条件，而且还要有很强的抗压能力与耐腐蚀性。经过几十年的研究，科学家们终于发明了制造天梯的材料，它就是碳纳米管。1991年，日本科学家成功研制出这种物质，它主要由碳原子构成，外形为空心的圆柱体。

　　听说是"管子"，小朋友可能以为它会很粗。其实不是，这个圆柱体非常细，它只有我们头发的五千分之一，直径仅为30纳米。不要小瞧这个小东西哦！它的柔韧性跟纤维一样，硬度犹如钻石，强度是钢的100倍。制成天梯缆绳后，碳纳米管可以支撑13吨的重量。据科学家设想，这种缆绳比一张纸还要薄。

缆绳会不会很贵呀?

为了地球人能尽快地进入太空，很多科学家已经在着手研究地球天梯了。对这项研究来说，碳纳米管的成本问题至关重要。从地球到太空的距离太远了，光地球大气层就有1 000多千米呢。如果制造天梯的费用太高的话，我们地球可能会破产呢！美国休斯敦赖斯大学的史密斯等人成立了一个研究室，他们正在研发一种碳纳米钢索材料。一旦研发成功，原材料的制造成本便会降低到每克1美元以下。

材料有了，接下来就是天梯的设计问题了。目前，美国和俄罗斯分别提出了自己的设计方案，并且都进入了准备阶段。

一起到太空旅游吧!

地球天梯完成以后，我们就可以去太空旅游了。那时，不管是"畅游太空"的人类，还是国际空间站需要的部件，都能被这条缆绳拉上高空。来到天梯的尽头，那里的装置会将人类和部件"弹射"进太空轨道。如此一来，人类往返太空的成本会大大降低哦！

打个比方，在运送1千克物质的前提下，如果航天飞机运送的成本费用为2万美元，那么，天梯运送的成本费用只需10美元。小朋友，你说天梯是不是更省钱呢？天梯的出现，不仅把太空旅游的费用降低了，而且太空探索也变得比以前容易了。

有吃饭的地方吗?

去太空旅游是很好，可那里有没有吃饭、睡觉的地方呀？要是我们肚子饿了怎么办啊？小朋友不用担心，科学家们早就想到这个问题了。在地球上方3.52万千米的地方，我们会建一家太空酒店。凡是搭乘天梯的太空旅客，都能在这里欣赏宇宙奇观，并享受五星级的太空服务。

建地球天梯只是第一步，完成之后，人类会继续建造月球天梯和火星天梯。等人类进入天梯时代后，我们就可以自由地在太阳系玩耍了，不仅能去月球上看风景，还能参观太阳系的其他行星。

纳米是什么东西呢?

纳米，是一个长度单位，它比毫米要小得多。如果换算成米的话，1纳米等于十亿分之一米。纳米技术是一种高新科技，指在0.1至100nm的尺度里，对电子、原子、分子进行研究，它主要以内在运行规律和特性为研究对象。用这种技术制造的微型材料和设备，能大大提高人类工业的加工处理技术。

空天飞机
是什么东西？

　　小朋友，你坐过飞机吗？告诉你哦，坐飞机可好玩了，透过飞机的窗户，能看到云彩在自己的脚下飘过呢！至于太空船，就是电视里经常出现的，在宇宙中航行的飞船。大家都听说过飞机，也听说过太空船，可是谁听说过空天飞机呀？它是飞机和太空船的结合体吗？一起去看看吧！

能在外太空航行的飞机！

本来，飞机和太空船的设计各不相干，它们各有自己的体系。由于飞机的主要飞行空间在大气层内，所以它属于航空系统。而太空船的主要飞行空间是在太空中，所以它属于航天系统。虽然有着明显的差别，但航天与航空在技术上又有割扯不断的联系。不管是什么样式的航天器，只要它进出太空，它就不可避免地会穿越大气层，既然跟空气有亲密接触，那肯定会涉及航空技术方面的问题。

这种紧密联系引起了科学家的高度重视，他们因此而产生了制造空天飞机的想法。空天飞机，又称航空航天飞机，是一种兼容航空技术和航天技术的新型飞行器。空天飞机非常特别，它不仅可以在大气层内飞行，还可以在外太空航行。除了可以水平起飞之外，也可以水平降落。

经济实惠的新式飞机

那些传统的运载火箭，都是一次性的，发射完成后就报废了，而且制造成本太高。空天飞机可就不一样了，这种飞行器可以重复往返

于地球和太空之间，所以它能帮人类节省大量的资金。空天飞机的经济实惠性，是各国致力于空天飞机研究的最大动力。

跟以前的航天飞机相比，空天飞机的优势很明显，由于它是一种水平起飞的飞行器，所以安全性要高一些。因此，为了早日研究出既经济又安全的空天飞机，全球的发达国家都成立了专门的研究部门，并投入了大量的资金。

发动机带来的大难题！

空天飞机确实对人类的发展有重要意义，但它的研发也是一个很大的挑战。最让科学家们棘手的问题，就是空天飞机的发动机。这种飞行器跟以往的都不一样，它不仅要在大气层内飞，还要到大气层外面去飞。更不可思议的是，它还需要持续加速，从0一直加到25倍音速左右。如果不能满足速度的跨越和飞行环境的变化，就无法符合要求。所以，在空天飞机研制的过程中，如何攻克发动机问题成为最大的难题。

空天飞机长什么样?

当一个飞行器在大气层中飞行的时候，如果它的速度达到6倍音速以上，那空气的阻力就会迅速增加。为了减少大气阻力，空天飞机的外形应该是高度流线化的。这时，翼吊式发动机就不能用了，因为它只适合在大气层内

飞行的普通飞机。只有将发动机和机身合二为一，空天飞机才能拥有高度流线化的外形，从而顺利穿越大气层。科学家专门给这种构造起了一个名字，这就是"发动机与机身一体化"。

在制造的过程中，有一个比较复杂的问题，那就是进气管与排气管的设计。这两个管道的形状应该是变动的，当飞行速度改变的时候，它们也要一起改变，从而使进气量跟着一起变化。只有这样，发动机才能在低速时有足够的推力，在高速时不浪费燃料。此外，进气管的刚度和耐热性也很重要，不然它无法成功返航。在返回大气层的时候，它会遇到高速气流和气动力热，空天飞机极易被挤压变形。

第一架空天飞机是哪个国家制造的?

　　人类第一架空天飞机是美国研制的，代号为X-37B。为了让X-37B空天飞机能顺利升空，美国政府先后花掉了数亿美元，并花费了近20年的时间。2010年4月23日，X-37B成功发射升空，并顺利进入地球轨道。根据科研人员的设计，X-37B最多能在太空遨游270天，执行完规定的太空任务后，它就会结束太空之旅。接下来，空天飞机会转换成自动驾驶模式，直接返回美国加州的空军基地。

你不知道的
神奇塑料

小朋友，你一定听说过"白色污染"吧？走在大街上，我们经常会看到一些白色的塑料袋在空中飘呀飘的。因为它们经过好多年都不会消失，会污染地球的环境，所以人们很讨厌它们。告诉你个小秘密，科学家已经研究出很多新型的环保塑料，它们不仅能做飞机，做电池，还能帮医生干活呢！

啊？飞机的一半都是塑料！

在航空零部件的制造中，用复合塑料做原料是很常见的事情。在美国、日本、意大利等国家的共同努力下，一种新的大型客机研发成功了。小朋友，你知道这种飞机的主要材料是什么吗？对啦，就是塑料。根据相关数据，各种塑料占整个飞机重量的40%。因为塑料的大量运用，它比过去的飞机要节省25%以上的燃料。

在印度的班加罗尔航空实验所内，研究人员成功研制出一种小型的塑料飞机，机身总重量才600千克。它的连续飞行距离为2 700千米，时速能达到每小时350千米。在2008年，波音公司推出了"787梦幻客机"，这款飞机50%的材料都是塑料。至于全塑料机身的波音飞机，波音的科研人员还在研制呢！

居然比金属还好用

应用于航空制造的复合塑料，是一种矩阵结构，原料为耐热性较好的增强型碳素纤维层或者玻璃纤维层。人们目前所使用的复

合塑料，它的重量只占铝合金的1/2，但它的强度却是铝合金的1.2倍。而且，这种塑料的绝缘性非常好，它的抗腐蚀能力也超过一般的金属。跟金属材料制造的航空零部件相比，它有很大的优势。一方面，它可以减轻飞机的重量，减少耗油量，降低生产成本和使用成本；另一方面，它有助于提高航速，优化飞机的性能。

塑料做的小电池

其实，塑料以前一直被当作绝缘体使用。后来，科学家研制出一种能导

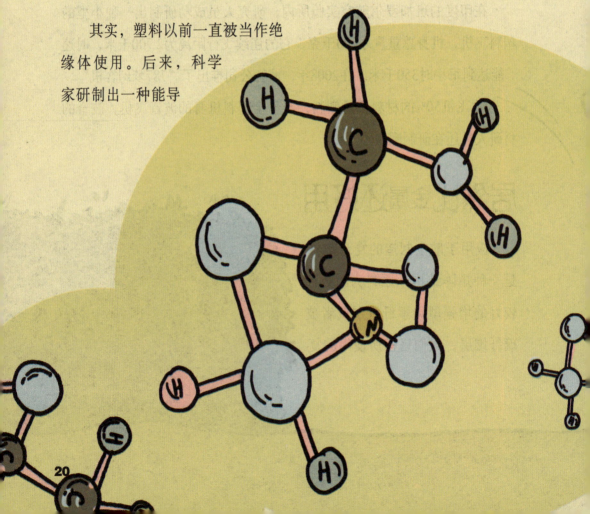

电的塑料，它的主要原料为聚乙炔与聚氟化亚乙烯等。用这些塑料做成的蓄电池都很厉害，它们的重量只有普通的铅－酸蓄电池的2/3，但是能重复使用1000次以上，而且能以更快的速度充电和放电。利用这些具有导电性能的塑料，科学家不仅研制出硬币大小的微型电池（可重复充电使用），还制作出一种跟明信片差不多的薄型电池。

超级有用的玉米塑料

玉米塑料，是一种高分子乳酸聚合体，是以玉米粉中的乳酸菌为原料制作而成。玉米塑料的用途可多了，它能加工成生物降解发泡材料，用于工业生产；能制造出绿色环保的农用地膜，用于农业生产；还能制成生物降解纺织纤维，用于地毯制造业、家庭装饰业。

另外，这种塑料在医药领域的应用也很多，它可以被制成很多医疗工具，如骨针、骨钉、骨片和手术缝合线等，完成治疗任务后，它们就

某某塑料加工厂

会自动在人体内分解；它还可以被加工成药物的包裹胶囊，通过控制玉米塑料的聚合度，就可以得到这种天然的缓释包裹材料。

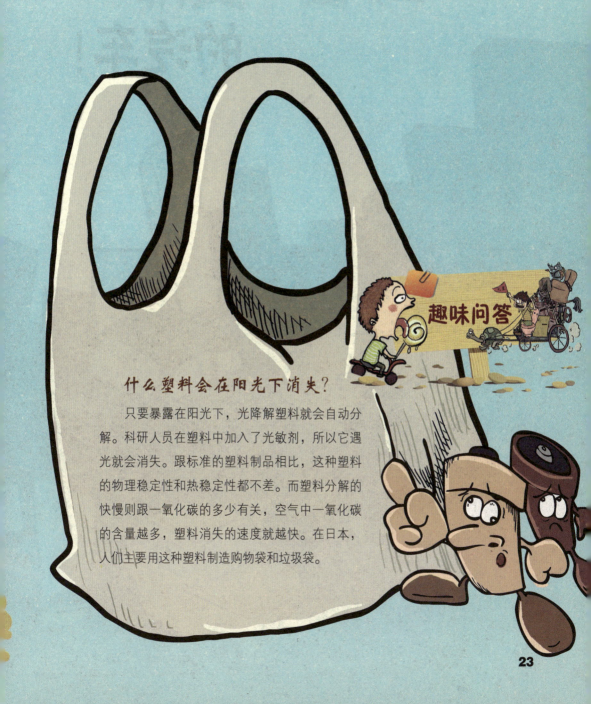

趣味问答

什么塑料会在阳光下消失？

只要暴露在阳光下，光降解塑料就会自动分解。科研人员在塑料中加入了光敏剂，所以它遇光就会消失。跟标准的塑料制品相比，这种塑料的物理稳定性和热稳定性都不差。而塑料分解的快慢则跟一氧化碳的多少有关，空气中一氧化碳的含量越多，塑料消失的速度就越快。在日本，人们主要用这种塑料制造购物袋和垃圾袋。

走在大街上，我们能看到各种各样的汽车，大的、小的、长的、短的、红的、黑的……哎呀！为什么汽车总是排成一条长龙呢？很多小朋友都知道，那就是堵车，因为车太多了，所以走不快。要是让车"减减肥"，是不是就不会堵车了呢？科学家发明了一款折叠汽车，听说它特别瘦小，而且还会变身呢！

可以自由折叠的汽车

　　折叠汽车有一个最大的特色，那就是它可以自由折叠。而且，这种折叠跟自行车的折叠不一样哦，它可不是静止下来才能折叠，而是在行驶的过程中折叠哟！

在城市中行驶的时候，驾驶员只要启动液压抬升系统，这款汽车就可以自动折叠起来。折叠之后，整个汽车的重心随之上升，看上去就像一个倒V字形。与折叠前相比，前后轮的间距大大缩小，只有原来的1/2。这样，汽车的占地面积自然也就减少了一半，空间也节省了不少。这样的结构也有一个缺点，那就是对提升速度不利。其实，城市里车速本来就快不到哪儿去，所以折叠汽车对行驶速度的影响可以不考虑。

说到折叠汽车的优势，那可就多了！第一，城市道路被占用的面积将会大大减少，拥堵程度有所降低；第二，汽车比较灵活，可以自由穿梭于城市的大街小巷；第三，汽车在转弯时更迅速了，不用再为众多的交叉路口而烦恼。

哇，小汽车好舒服！

跟普通的轿车相比，折叠轿车的设计更舒适。汽车

被设计成前后两个部分，中央的折叠轴是分界线。

前面主要是汽车的驾驶室，后面则是动力部分和储物箱位置。在轿车折叠行驶时，这种设计的优势就完全展现出来了，司机的视线不会因汽车折叠而受到影响，他能清楚地看到前方的道路。

汽车的座椅更舒服，坐在上面不仅不会让人觉得累，而且感觉就像躺在家里的躺椅上一样。在汽车折叠的状态下，乘客很容易有倾斜的感觉，所以设计者制造了可以调整的座椅。当座椅下调后，乘客就不会感觉自己坐在斜坡上了。由于这款汽车特别袖珍，所以只在前面设有两个座位。为了节省空间，汽车的车门没有设计成侧开式，而是设计成顶开式。在兜风的时候，人们还可以掀开车顶，享受敞篷车的高级待遇。

它是变形金刚的朋友吗？

这款汽车不仅能折叠，它还有两种行驶模式呢。在城市中，它可以调节成折叠状态，用"城市模式"在城市中畅游。小朋友可能会问了，出了城市，走高速公路时怎么办啊？不用担心，它还有一种不折叠的"高速公路模式"哟！

接近高速公路的时候，司机可以启动液压抬升系统，使轿车中间的折叠轴降下来。这样，轿车的重心便会降下来，前后轮之间的距离也恢复原样了，汽车就恢复到正常模式。因为变得跟普通汽车一样，所以汽车也就可以加速前进了。小朋友，折叠汽车是不是有点儿像变形金刚啊？

不用喝汽油的环保汽车

折叠汽车还是环保型的汽车呢！它的能量来源主要是绿色的太阳能。在轿车的后半部分，安装着太阳能电池板，那些太阳能被电池板吸收后，会被及时转入到高性能的锂电池中。电池能储存大量的电能，并且可以随时将电能提供给轿车的电动机。

有些小朋友又有问题了，没有太阳的时候怎么办啊？在阴雨天的时候，我们就要启动汽车的充电装置了，把它接到车库的插座上直接充电。这款汽车够厉害吧？它居然不用"喝"汽油呢，真是又环保又省钱。

折叠汽车是谁设计的？

在2008年的一次设计大赛上，设计师奥斯卡·约翰森向人们展示了这款折叠轿车。他对参观者说："我们一直被拥堵、污染、油价高等问题困扰，这款车不仅解决了这些现实问题，而且还会给使用者带来舒适和方便。折叠车的外观也很时尚，跟科幻电影里的交通工具很相似。我相信，很多年轻人都会被它迷住。"

趣味问答

模仿大自然的建筑

小朋友，你的房间是什么颜色的啊？黄色、白色还是绿色？你知道吗，这些颜色都是模仿自然生物的颜色呢！黄色是香草的颜色，白色是象牙的颜色，绿色则是豆子的颜色。其实，在盖房子的时候，咱们一直在跟大自然学习呢！

仿生学是什么学问?

在提高对自然的适应和改造能力的过程中,人类一直在研究、学习和模仿某些生物的特性和功能,并对它们进行复制和再造。这样,仿生学就出现了,而且它给社会带来了巨大的经济效益。现代仿生学已经涉及很多科学领域,建材仿生就是其中一个科研方向。

建材仿生,就是先研究生物躯体的各个细节,如组织结构、色彩、化学成分和生态功能等,然后仿造出各种新型的建筑材料,以提高建材的性能、建筑的舒适度。

跟蜜蜂学盖房子

一提起蜜蜂,很多小朋友就想起了美味的蜂蜜。告诉你哦,蜜蜂的拿手绝活可不

仅仅是酿造蜂蜜，它还是一名出色的"建筑师"呢！蜜蜂的蜂巢就是它自己设计的，这座用蜂蜡建造的建筑很特别，不仅轻巧美观，而且坚固实用。像蜂巢这样质量轻、强度高的建筑，应该是未来建筑的发展方向。

通过向蜜蜂学习，科学家发明了一种新的建筑材料，这就是蜂窝泡沫混凝土，一种含有气泡的蜂窝状材料，它能大大减轻钢筋混凝土的重量。如果在不同材料中加入加气混凝土，还会产生泡沫塑料、泡沫橡胶和泡沫玻璃等各种新型建材。建筑设计师证实，这些材料既具有隔热、保温的功能，又具有轻巧、美观的外形。现在，很多国家都在使用这种材料，其中也包括中国。

★自然的颜色最舒服

最近几年，墙体装饰材料也开始向大自然学习，像乳胶漆的颜色，一听"香草黄"、"丁香紫"、"象牙白"和"浅豆绿"等名字，就知道它们是在模仿自然生物的颜色。有了这些活泼清新的色彩，我们的房间会变得更温馨亲切，我们的生活品质也会有所提高。

在一些家庭中，人们还用木纹色的材料来装饰建筑物的内墙和地面。木纹色，就是模仿木材纹路的颜色，这种颜色具有淡而不薄、厚重相宜的特点。看着木纹色的地板，人们就会有身处大自然的感觉，不仅有一种很好的视觉享受，而且还能缓解工作中的压力。

像变色龙一样的大楼

在比利时的首都布鲁塞尔，有一座叫作马蒂尼的大厦，它跟变色龙有很大关系呢！变色龙的皮肤很特别，在周围环境发生变化的时候，它能自动作出反应。大厦的建筑师和工程师发现了变色龙的这一特点，于是在大厦的建造中进行模仿。

在建筑物外表面，他们安装了一层遮阳百叶，用它做建筑的双层皮。然后，又在双层皮中安置了通风管道。到了夏天，百叶能阻挡强烈

的阳光，缓解大厦的供冷压力；到了冬天，百叶又能收集日光，起到加热空气、预热空调的作用。通过模仿变色龙的皮肤，建筑物不仅做到了装饰上的美观，而且实现了节能的目的。

趣味问答

我们能跟贝壳学什么？

自然界中，很多生物都很厉害，它们只用一百多种元素中的十几种，就能制造出形式多变、性能优异的材料。像贝壳，它的抗压强度就远远超过水泥，能达到100兆帕呢！其实，贝壳的成分只有石灰石和蛋白质。石灰石，也就是碳酸钙，占了95％；而蛋白质，才占5％。虽然只是两种物质的简单黏结，但组成的贝壳却坚不可摧。贝壳给我们的启示是：我们要发明化学成分较少、制造工艺简单，而且省材、环保的绿色建材。

会喊救命的混凝土

在城市里，到处都有钢筋混凝土做成的桥梁。在桥上经过时，有些小朋友总是有些怕怕的，担心桥会塌下去。其实，桥梁是很结实的，有的甚至能使用上百年呢？不过，有时候桥梁也会出现裂纹，要是不及时修补的话，那可就危险了。所以，科学家希望能制造出一种会说话的混凝土，那样就能避免一些危险了。

桥梁要是会说话该多好！

从20世纪90年代初，美国一些桥梁专家就开始了一项研究，他们希望能制造出会自己喊"救命"的桥梁，或者有自动修补裂纹功能的桥梁。他们提出的设想是：将大量的空心纤维埋在混凝土中，并将裂纹修补剂装入空心纤维内。在混凝土裂开的时候，空心纤维也会一起裂开，修补裂纹的黏结剂就会流出来，裂纹就不会再进一步扩大。科学家将这种智能材料叫作"被动式智能材料"。

还有另外一些桥梁专家，他们正在致力于研究"主动式智能材料"。他们的设想是：将光导纤维埋入混凝土中，或者在混凝土中埋入微型电子芯片和传感器。当混凝土出现问题时，桥梁就会自动进行加固。如果埋的是传感器，在桥梁出现裂纹的时候，它就会向计算机发出求救信号，计算机就会启动桥梁中的自我修复功能。

有弹性的混凝土

　　把混凝土放在显微镜下，你会发现它的内部有很多比头发丝还要细的小孔。原来，混凝土不像表面上那么完好，甚至可以说千疮百孔，难怪容易断裂了。为了增强混凝土的弹性，科学家们做了很多实验。有的科学家认为，在制造水泥的过程中，将10%至15%的聚丙烯长纤维、铁粉和玻璃粉加入其中，经过充分搅拌再挤压成混凝土，这样小孔就不见了。

　　有的科学家则提出另一种方法，第一步，先把水泥均匀地抹在纤维上；第二步，把纤维和混凝土混在一起，放进一个漏

斗形的装置中挤压；第三步，把混凝土移入真空室，抽出剩余的气体，然后再次加压。这样，就可以制造出不怕拉也不怕弯的混凝土了。

现在，这种有弹性的混凝土已经研制成功了，它的重量比原来轻了很多。用它制造的房屋，还具有抗大地震的功能呢！

会呼吸的新材料

日本研究开发了一种新型混凝土，科学家称它为"会呼吸的智能调湿材料"。在不同湿度条件下，这种会呼吸的混凝土能自动吸附或脱附水蒸气。与其他的混凝土相比，这种混凝土具有明显的优点：及时吸附空气中多余的水分；在温度上升的时候，放出湿气；在温度下降的时候，吸收湿气；在水蒸气压力低的空间，吸湿的能力还会有所提升。

目前，这种混凝土的应用范围不是很广，像美术作品收藏室、食品仓库等场所，因为这些地方对湿度和温度的变化比较敏感，所以被最先选中。以后，它还会被用于医院等康复性场所和有节能要求的建筑。

就算有大火也不怕！

在现有混凝土制造技术和工艺的基础上，人们制造出了一种高强混凝土。方法很简单，适当降低混凝土的水灰比，然后加入硅灰之类的粉状掺合料，这样，混凝土的微组织密度就加大了。可惜的是，这种混凝土非常怕火，一旦发生火灾，混凝土内的水分就会迅速流失，随着压力的升高，混凝土很容易出现爆裂。

后来，科学家对混凝土进行了革新，他们将1%(体积比)的聚丙烯短纤维加入到混凝土内。从此，一种防火灾爆裂的高强混凝土就产生了。因为加入的聚丙烯短纤维特别少，所以对混凝土强度和刚度没有什么大的影响。但加入这种纤维后，混凝土就不怕火了。如果发生火灾，聚丙烯短纤维就会在高温下熔化，并在混凝土内制造大量的空隙，使混凝土能抵抗高温高压。

混凝土为什么会呼吸？

科研人员发现，沸石粉是一种很好的调湿性成分，把它加入混凝土材料后，混凝土就可以呼吸了。因为能够自由呼吸，所以这种材料能掌控房间的湿度。住在这种混凝土建成的房子中，小朋友就不会觉得干燥或潮湿了。但是，人工沸石粉的成本太高了，为了尽量降低制造成本，人们大多数还是用天然沸石粉来充当调湿性成分。

让机器人长出肉身

小朋友，你的玩具多吗？有没有机器人玩具呢？告诉你哦，机器人不仅能做玩具，它还能帮助人类干活呢！因为机器人不用呼吸，而且不怕脏也不怕累，所以它能帮我们做很多事情哟！为了让机器人发挥更大的作用，科学家们打算制造生化机器人，让它们拥有人类的大脑或身体。

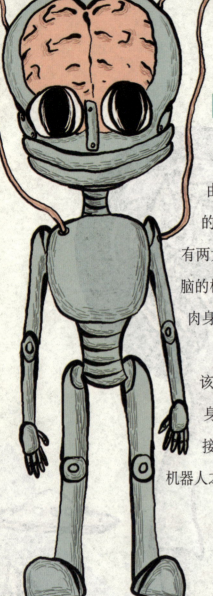

咦，生化机器人？

生化机器人，是一种高科技机器人，它由微电子和生物体构成，将机器人与生物体的各种优势集于一身。一般来说，生化机器人有两大类：一是人脑机器人，也就是拥有人类大脑的机器人；二是肉身机器人，也就是拥有人类肉身的机器人。

要是从意识的角度来划分，人脑机器人应该是人类，而肉身机器人应该是机器。要是从身体的角度来划分，前者更像机器，后者则更接近于人类。所以，一些科学家提出，人类和机器人之间在未来社会没有严格的界限。

造福人类的人脑机器人

人脑机器人，又被称为"具有机器身体的人"，极有可能成为人

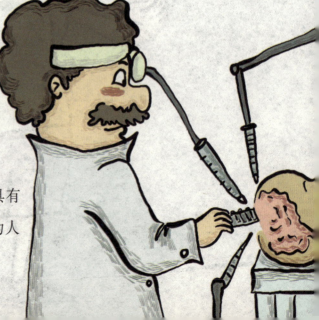

类的终极形态。原因很简单，人脑机器人综合了机器和人类的所有优点，在储存和处理信息方面，它远远超过人类；在社会交往中，它比机器人要聪明得多。

除了制造新型机器人之外，人脑机器人技术还有一个更大的用途，那就是造福人类。那时，不管是先天还是后天的原因，只要有人身患残疾，我们就可以给他安装相应的机器器官。但是，人类的身体现在还排斥外来的机器器官，所以这个研究还需要更多的时间。等生化机器人技术成熟后，机器器官就可以和人类大脑和谐相处了，外来的器官也会被身体免疫系统所接受。

人造人

一个拥有机器身体的人

要让人类支配机器肢体，最关键的是让大脑的神经系统和身体内安装的电子设备可以沟通。美国科学家曾做过一个试验，被试验者是一位半身不遂的男性。他们在患者的大脑中植入了一块电脑芯片，患者的神经信号会直接传递给电脑芯片，然后电脑芯片重新发射出信号，从而对机械假肢或患者附近的电器进行支配。手术很成功，植入电脑芯片之后，这名患者能自主操作电脑，他不仅能发送电子邮件，还能玩很多电脑游戏。科学家希望，在芯片的帮助下，这名患者有一天能直接控制假肢。

神奇的肉身机器人

日本研究人员一直在研究肉身机器人，希望能打造出跟人类长得一样的机器人。他们的设想是：机器人的皮肤有人类皮肤的触感和温度，其体腔内也有人类的内脏，跟真人完全没有差别。而机器人全身其他的部位，则是利用基因技术生产的人造器官，如骨骼、肌肉、皮肤等。在机器人的头部，有一块电脑芯片，它与全身神经系统相连，能控制机器人的一切行动。

科学家还认为，肉身机器人还应该像人类一样有思维能力，并且能跟人类进行对话交流、理解并执行主人的命令。当然，要实现这些目标并不是一件容易的事。现在，具有生物活性的人体器官大部分已经研制成功了，如人造皮肤、人造骨、人造肝、人造肾和人造胰等，并且已被应用于医疗领域。

谁最先提出了生化机器人的概念？

20世纪初，在学术专著《我，生化机器人》一书中，凯文·沃维克教授最先提出了生化机器人的概念。沃维克在英国里丁大学的工程系统学院工作，他在书中提到，人们身上的很多器官都能变成机器，并可以被电子设备控制。早在1998年，这位教授就将自己加工成了一个生化机器人，他将一块芯片植入自己的手臂中，并成功用意念控制机械手臂。

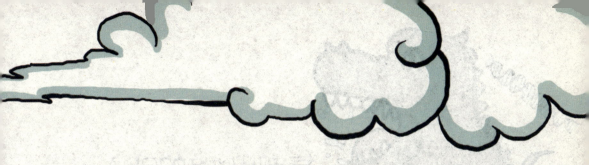

小朋友，你看到过恐龙吗？你一定会说："当然看到过，在'侏罗纪公园'里面生活着很多恐龙呢！"或者你还会说："那些科学家真厉害，他们居然让死了的恐龙又复活了。"可是，恐龙真的能复活吗？你是不是也很想知道答案呀？咱们悄悄地跟在科学家的后面，一起去看看吧！

寻找恐龙的DNA

恐龙的DNA是古代DNA的一种。有的小朋友可能会问，古代DNA是什么东西啊？实际上，凡是从已经死亡的古代生物那里获得的DNA，不管是遗体还是遗迹，都算古代DNA。它一般有两个来源：一是来自那些数万年乃至上亿年的化石之中；二是来自那些没有石化或者一部分石化的材料之中，它们可能有几百年，也可能有几千年或上万年。

恐龙距现在已经上亿年了，人类要想找到它的DNA可是比登天还难，就跟买彩票中大奖差不多，只能靠运气。而且，在这么长的时间内，地质已经出现了无数次的变迁，如果想找到一份完整的恐龙DNA，这已经不仅仅是技术方面的问题了，还要看恐龙配不配合，给不给我们机会。假设恐龙的DNA真的找到了，那我们将面临更难的问题，那就是怎么把基因片段变成一个活生生的恐龙。

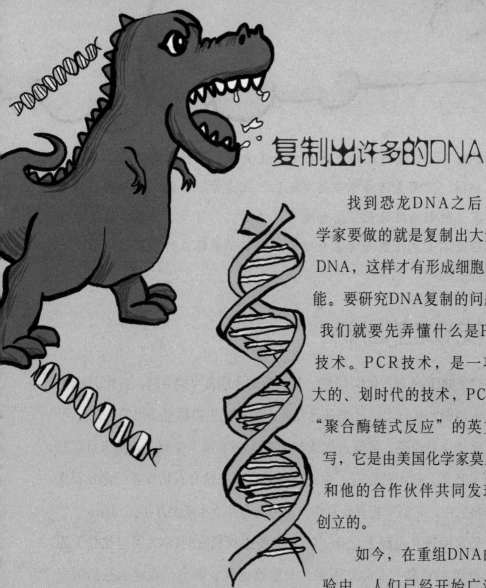

复制出许多的DNA

找到恐龙DNA之后，科学家要做的就是复制出大量的DNA，这样才有形成细胞的可能。要研究DNA复制的问题，我们就要先弄懂什么是PCR技术。PCR技术，是一项伟大的、划时代的技术，PCR是"聚合酶链式反应"的英文缩写，它是由美国化学家莫里斯和他的合作伙伴共同发现并创立的。

如今，在重组DNA的实验中，人们已经开始广泛地应用这项技术。因为它的应用，只需要很短的时间，科学家就可以大量"复制"那些古代生物的微量DNA。对恐龙的复活来讲，DNA在数量上的极大丰富具有重要意义。

恐龙离我们的时代太远了！

    在古代DNA的研究中，科学家需要面对很多挑战。开始研究不久，科学家就遇到一个大大的难题，那就是古代DNA无法一直被完整地保存。由于保存时间方面的限制，很多研究无法继续开展下去。一些科学家在研究中发现，古代DNA保存时间最长为10万年，10万年之后，DNA便不再是完整的。至于骨胶原蛋白、氨基酸和其他生物小分子，则能保存得更久一些，但时间仍然非常有限。

    经过证实，在研究那些年代久远的材料时，不管是DNA还是蛋白质，时代距离现在越近的，实验结果往

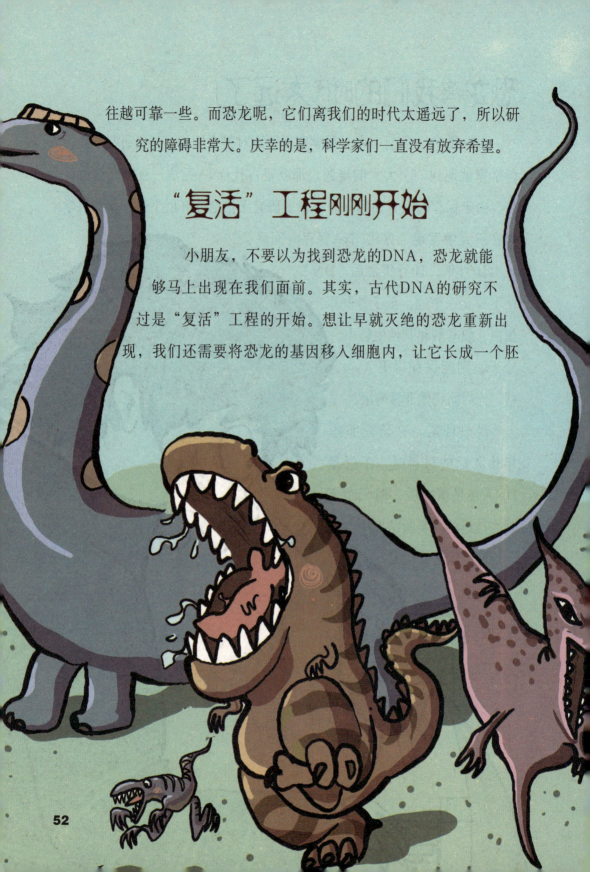

往越可靠一些。而恐龙呢，它们离我们的时代太遥远了，所以研究的障碍非常大。庆幸的是，科学家们一直没有放弃希望。

"复活" 工程刚刚开始

小朋友，不要以为找到恐龙的DNA，恐龙就能够马上出现在我们面前。其实，古代DNA的研究不过是"复活"工程的开始。想让早就灭绝的恐龙重新出现，我们还需要将恐龙的基因移入细胞内，让它长成一个胚胎，然后再精心培育胚胎，直到小恐龙破壳而出。说着容易，可每一步的工作，都需要科研人员花费很多的时间和精力呢。

从现在的生物科技水平来看，要"复活"恐龙几乎是不可能的。但是，科学家们一直都没有放弃努力，再过几十年或者上百年，也许会出现奇迹。

趣味问答

DNA有什么用？

DNA，是一种生物遗传的核心物质，它由腺嘌呤、胞嘧啶、鸟嘌呤和胸腺嘧啶4种碱基构成。而且，这四种碱基有着千变万化的排列顺序。当这四种碱基按照不同的顺序排列时，就形成了各种不同的基因，而每一种基因代表一种生物。因此，世界上各种各样的生物都由自身的DNA决定。

大家都知道，蟑螂是有名的害虫，它们最擅长的本领就是传播病菌。为了把蟑螂消灭掉，人们想到了各种各样的办法。小朋友，你知道用什么办法最有效吗？前一段时间，科学家居然发明了一种机器蟑螂，它能打入敌人的内部呢。也不知道这个"卧底"做得是不是成功，咱们也跟着去看看吧！

蟑螂里出现了"内奸"

为了彻底消灭蟑螂，人类使出了不少绝招，如水淹、开水烫、火烧等。其实，这些传统的"灭蟑大法"都有一定的弊端，那就是一定要看到蟑螂。现在，欧洲科学家发明了一种新武器，它就是"机器蟑螂"。

机器蟑螂能去敌人内部做"卧底"，先把真蟑螂给迷惑住，让它们不怀疑自己，然后，机器蟑螂就会将真蟑螂引诱到明亮的地方，让人类消灭它们。

据说，科学家用了好几年的时间，才研制出第一个机器蟑螂。可是呀，这只"假蟑螂"和普通蟑螂相比，简直没有一点儿相似之处，倒是跟火柴盒很像。既然如此，那蟑螂为什么还会相信这个不像自己的家伙呢？嘿嘿，这里面是有小秘密的哟！

机器蟑螂的秘密

机器蟑螂跟真蟑螂的个头很相近，但长得一点儿都不像真蟑螂。刚开始的时候，真蟑螂看到它还会害怕呢，它们总是躲得远远的。后来，科学家又加工了一下机器蟑螂，在它的外表敷了一个涂层。这种涂层由不同化合物组成，类似于真蟑螂体表的化学组成成分。所以，真蟑螂就被机器蟑螂发出的气味迷惑了，以为它就是自己的同类。机器蟑螂取得了真蟑螂的信任，就进入真蟑螂群体，跟真蟑螂成了一家人，并且开始参与大家庭的集体活动。然后，它会想办法改变真蟑螂的活动习惯，让它们走入人类设定的陷阱。

讲究平等的蟑螂家族

蟑螂家族也有属于自己的习性，它们喜欢生活在黑暗中，大多数时间都成群活动。在决定去某个地方之前，蟑螂会先考虑两个因素：一是那个地方够不够黑暗；二是，家族成员都去吗？蟑螂社会讲究绝对的平等，他们从来不选举首领，每一只蟑螂都可以跟众多的同伴和平相处，大家能步调一致地集体行动。

经研究发现，蟑螂之所以能在黑暗中一起出门找吃的，是因为它们身上有灵敏度很高的多种传感器官，如信息素源、红外线、超声波等。通过用这些传感器进行沟通，蟑螂家族就可以在黑暗中商量好行动的具体步骤，如什么时候出发、哪个方向、左拐还是右拐等等。

机器蟑螂当起了首领

　　研究者在实验中发现，当提供两处亮度不同的活动区时，75%的蟑螂会自动跑到光线更暗的地方，85%的机器蟑螂也跟着过去。看得出，机器蟑螂已经真正融入蟑螂群了。为了测验机器蟑螂是不是得到了敌人的信任，能不能影响整个集体的行动，研究者对机器蟑螂的程序又做了调整，让它们朝光线更亮的地方前进。

虽然机器蟑螂的行为不符合蟑螂家族以往的习惯，但大家还是跟着它们一起走向光线更亮的地方，没想到"卧底"也当上了首领。因为看到不少"同伴"都向一个方向前进，所以那些真蟑螂也不再坚持自己的原则，就一起跟着过去了。机器蟑螂太有魅力了，它们居然把60%左右的真蟑螂都给带走了，厉害吧?

机器蟑螂的发明者是谁?

在2008年出版的美国《科学》杂志上，法国、瑞士和比利时的研究人员发表了一份报告，报告中提到，他们正在研制机器蟑螂，并希望借此发现蟑螂家族的活动规律。何塞·哈罗伊是布鲁塞尔自由大学的生物学研究员，也是此研究的主要负责人，他说："以蟑螂为实验对象是有原因的，跟其他一些昆虫社会相比，蟑螂社会没有明显的阶级划分，群体内部的关系比较平等。"

趣味问答

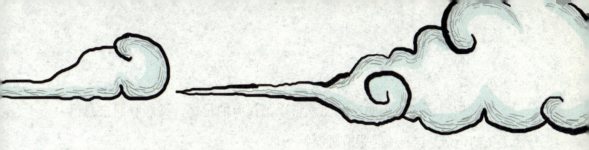

　　每个小朋友的大脑里，都有一些美好的记忆，如跟爸爸一起玩"骑大马"、跟妈妈一起去买玩具、跟小朋友玩游戏……只要回想起这些事情，小朋友就会很开心。可是，如果有一天，这些记忆都不在了，那可怎么办啊？听说记忆是可以移植的，真有这么回事儿吗？

有出售记忆的商店吗？

　　"记忆移植"是什么意思呢？是把别人的记忆放进自己的大脑吗？看到这个词语，就让人觉得很好奇呢。在将来的某一天，可能真的会有这么一家商店，它不卖食物也不卖衣服，只卖记忆，在柜台里摆着各种各样的记忆。来店里的顾客可以自由选择，当他们选中自己需要的记忆后，那种记忆就会被移植进他

们的大脑中。这样，小朋友既能获得以前没有的记忆，又能找回自己已经丢失的记忆。这是不是很有趣啊？

小朋友，你看过电影《宇宙威龙》吗？在这部影片中，施瓦辛格就饰演了一名丢失记忆的间谍，后来，他找到一家"记忆移植商店"，买到了一部分丢失的记忆，知道了自己的很多事情。

记忆究竟是什么？

记忆，是一个心理学概念，它不仅指人脑对以前经验的保持，还包括提取。由"记"到"忆"是一个很复杂的过程，要依次经过识记、保持、回忆或再认识几个步骤。从处理信息的角度来分析，记忆的过程就是大脑对外来信息的编码、贮存和提取的过程。

大脑的神经系统与记忆功能相关，一旦神经系统不能正常工作，就可能出现记忆力减退、遗忘和错误记忆等记忆功能障碍。当神经系统有所改善时，记忆功能与各项学习思维联想就会恢复。当然，记忆也有敌人，它就是时间。一般来说，时间过得越久，大脑中的记忆就会变得越淡，甚至会消失。所以说，老人的记忆力一般不是很好。在人的大脑中，有一种叫作乙酰胆碱的物质，它与记忆也有一定的关系。如果它的含量较高，那大脑的记忆力就会好一些；反之，记忆力就会下降。

会游泳的北美大棕熊

很久以前，科学家们就在进行有关记忆移植方面的研究了。不过，

他们主要以动物为实验对象。刚开始，他们只在同类动物之间移植记忆，像蜜蜂、老鼠和牧羊犬，都接受过相关的实验，而且结果也很令人满意。后来，科学家又在不同动物之间进行实验。他们先将一头海豚的记忆存入芯片，然后把芯片植入一头北美大棕熊的体内。

　　由于海豚有"游泳冠军"的美称，而大棕熊完全不会游泳，所以科学家想看看，海豚的记忆能不能让大棕熊学会游泳。手术之后，大棕熊就被丢入水中。没想到，一直怕水的棕熊居然没有沉底，而且在水里游得很轻松。经过多次练习后，大棕熊游泳的本领越来越好了。

运动记忆的顺利转移

19世纪末期，在美国亚拉巴马大学的心理科技研究中心，研究人员做了一个记忆移植手术。患者是中学生凯利，因为他的大脑平衡器受到损伤，所以科学家将复制的"运动员运动记忆芯片"植入他的大脑。记忆的提供者是西尼尔——一名美国业余体操运动员。

西尼尔具有很强的平衡能力，他曾经在全美大学生体操赛中夺得冠军，他的动作记忆能力也不错，可以记住大部分体操动作。

凯利是一个非常喜欢运动的男孩，但车祸破坏了他的平衡能力，他甚至连站立、走路等基本动作都不能顺利完成。移植手术最终改变了凯利的状况，他简直像换了一个人，不仅能站稳了，走路的动作也变得协调了。更让人惊讶的是，凯利的运动细胞似乎变多了，他突然能做出很多从没做过的体操动作。

趣味问答

怎么取出人脑中的记忆呢?

小朋友,千万别误会,记忆移植可不是从一个人的大脑中取出一部分记忆,然后将这些记忆植入另一个人的大脑。最起码,这种做法现在是行不通的。目前来说,有一种模式比较可行,那就是将一个人脑子里储存的知识复制下来,然后转移到另一个人的大脑中。具体操作过程为:借助一个具有存储功能的仪器,将一个人的大脑活动储存下来,然后把信息传给另一个具有输出功能的仪器,从而将记忆输入另一个人的大脑中。

商品也能
记住一些事情

　　记忆真是一个神奇的东西，我们前面刚刚说了，动物的记忆和人的记忆是可以移植的。那么，除了人和动物，其他东西能不能有记忆呢？告诉你个小秘密哦，衣服也能记住一些事情呢。啊！是真的吗？要是不相信的话，跟我去记忆商店转转吧！

商品有"记忆"啦！

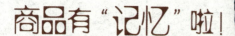

在记忆商店里，陈列着能记住一些东西的衣服、有开合意识的照明灯和对记忆有帮助的药片。它们怎么会拥有记忆呢？

在很久以前，记忆的确只跟高级生物的大脑活动有关。但是，在科学技术高速发展的时代，很多不可能的事情都在慢慢变成可能，而记忆跟商品之间也画上了等号。最近几年，国外陆续发明了一些拥有"记忆"功能或者增强记忆力的商品。像记忆商店里的衣服、照明灯和记忆药片等，都是高科技的产物。当然，这些商品的"记忆"性能是相对的，它们能记住的东西很有限。

能识别天气变化的衣服

经过英国科学家的努力，一种适应天气变化的神奇服装已经被制造出来了。这种服装对天气有记忆，兼具排热、保暖和除湿三种功能。如果人体过热出汗，衣服就会自动吸入空气，降低人体的温度；如果人体因寒冷而降温，衣服就会将表层的孔隙关闭，不让人体的热量继续流失。衣服为什么会有这种特殊的功能呢？这是因为它拥有双层的智能面料。

这款衣服的面料采用了最新的微观技术，表层布满微小的凸起，这些凸起的直径小于5微米，其功能跟松球上的鳞片很相近，并加入了吸水性较强的材料，如羊毛。当人体温度升高时，面料上的小凸起受水分刺激自动打开，外界空气通过孔隙进入，加快体表水分的蒸发，使人体迅速降温。水分消失后，凸起自动恢复原状。而面料的底层，则选择了一种致密材料，密封性非常好。这款衣服借鉴了"松球原理"，每到松树繁殖的季节，我们都能看到松球将鳞片状的孢子叶打开，主动播撒里面的松子。

会分辨时间的照明灯

在巴黎，设计师研制出一种具有"形状记忆功能"的照明灯。在城市照明灯中，他们加入了形状记忆合金，灯上的两瓣叶片会随着灯的亮、灭自动张开、合上。白天的时候，路灯自动熄灭，叶片也跟着合上；傍晚的时候，路灯开始发光，叶片在灯泡温度的作用下张开。难怪大家都说法国人浪漫呢，路灯都很像漂亮的花朵，而且是自动开合的花朵呢！

其实，法国人不仅浪漫，他们还非常细心呢！为了防止轮胎打滑，他们用记忆金属制成了一种特殊的钉子，并将这种钉子装在汽车的外胎上。如果公路因某种原因而出现冰霜，钉子就会从外胎里跑出来，增加轮胎的摩擦力。

懒人衬衫能记住什么？

懒人衬衫，是意大利设计师毛罗·塔利亚尼发明的，由于将镍、钛和尼龙纤维加入衬衫面料中，所以拥有"形状记忆功能"。如果外界气温高于正常值，衬衫的袖子能自动卷起来，也就是几秒钟的时间，它就能从手腕一下跑到肘部；如果温度又降下来，袖子也会自动伸展开。设计师说："它不仅能对外界温度作出反应，当人体出汗的时候，它也能在形态上有所改变。"另外，这款衬衫的抗皱能力也很强，不管怎么揉压，它都可以在半分钟内恢复原状。

哎呀，衣服开口说话了！

人们都说，21世纪是高科技的时代，各行各业都会出现尖端科技。那么，服装会不会也跟高科技拉手呢？小朋友，你猜猜看，高科技的衣服应该是什么样的呢？会唱歌、会说话，还是会自己跳舞？乔安娜·波哲斯卡教授就设计了一些这样的衣服，咱们去她的设计室参观一下吧！

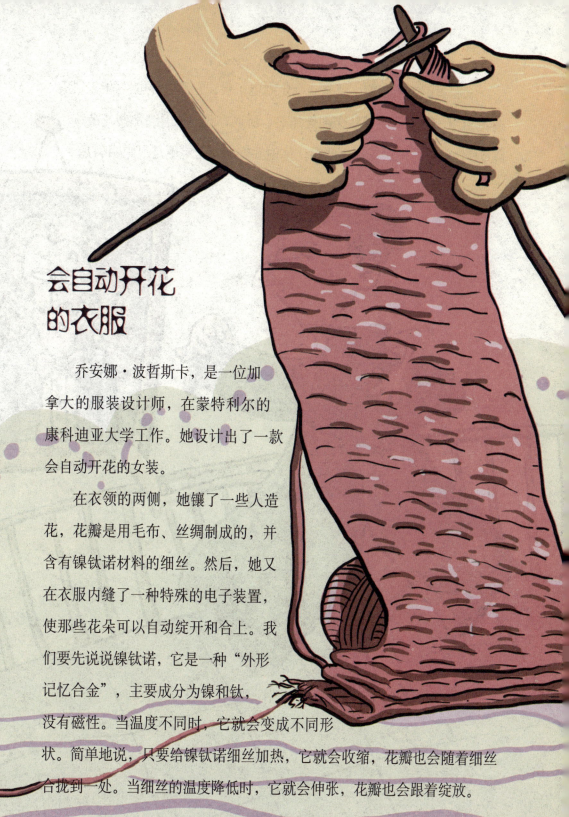

会自动开花
的衣服

乔安娜·波哲斯卡,是一位加拿大的服装设计师,在蒙特利尔的康科迪亚大学工作。她设计出了一款会自动开花的女装。

在衣领的两侧,她镶了一些人造花,花瓣是用毛布、丝绸制成的,并含有镍钛诺材料的细丝。然后,她又在衣服内缝了一种特殊的电子装置,使那些花朵可以自动绽开和合上。我们要先说说镍钛诺,它是一种"外形记忆合金",主要成分为镍和钛,没有磁性。当温度不同时,它就会变成不同形状。简单地说,只要给镍钛诺细丝加热,它就会收缩,花瓣也会随着细丝合拢到一处。当细丝的温度降低时,它就会伸张,花瓣也会跟着绽放。

衣服里的电子装置，就是一个定制电子板，它通过导电性的线头跟人造花相连，并定期给镍钛诺细丝加热。所以，我们能看到那些花朵每隔15秒钟就会开一次花。小朋友，你说乔安娜女士是不是很聪明啊？

最不听话的衣服

还有一件喜欢随便乱动的衣服，乔安娜把它叫作"Vilkas"。确实，这件衣服好像有自己的思想一样，它的底沿能自己动来动去。怕痒的小朋友肯定不能穿这件衣服，因为你一定会不停地在那里大笑。

很多人都觉得，电子仪器都是可以控制的，像电视、小汽车和玩具飞机等，都要听遥控器的话。但乔安娜的衣服却不是这样，当衣服中的微控制器被打开后，人们就不能控制衣服了，它可以按照自己的意愿随便跳舞。如果有人穿上这件衣服，他只能跟着衣服的节奏，听衣服的安排。因为，人们根本想象不到它会怎么活动，多久移动一次、动作的幅度和运动的方式等，这些都由衣服自己决定。还好，只有衣服的底沿会动，不然它可能会从身体上跑下来呢！

立体声的裙子

乔安娜还发明了一种叫作"亲昵行

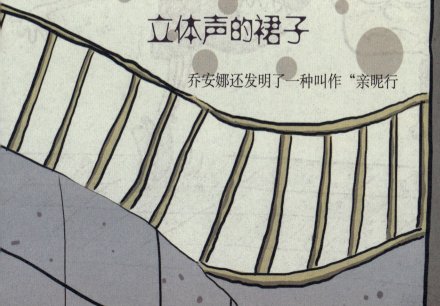

为存储器"的装置，并把它装在裙子里面。在衣服前面的曲线上，她缝了一组发光二极管，并利用麦克风录下身体进行亲昵行为的声音。只要有人碰到这条裙子，发光二极管就会立刻发出光亮，衣服主人会听到轻轻的警告声，或者感觉有凉风吹进脖子。亮起的灯光越多，说明行为越亲昵。

如果妈妈穿上这样的裙子就好了，只要摸摸妈妈的裙子，就能看到一闪一闪的亮光。不过，妈妈可能会不太舒服，因为她的脖子里吹进了凉风，嘿嘿。

短袖也跟着发脾气

"发声短袖"也非常有意思，当穿此衣服的人发出肢体动作的时候，它就会

跟着发出各种声音。如果肢体的动作越大，短袖发出的声音就会越响。像挤压胳膊的时候，用力越大，短袖发出的声音就会越尖锐。在特别生气，或者感到有威胁的情况下，人们往往会交叉双臂，这时候短袖也会跟着紧张起来，并且会发出类似于尖叫的声音。

小朋友，千万不要害怕哟！只要穿此衣服的人不生气了，将交叉的双臂松开，短袖就会慢慢冷静下来。如果穿此衣服的人心情平静了，短袖也会乖乖地去睡觉，而且还会打呼噜呢！

趣味问答

有会唱歌的衣服吗？

在乔安娜的作品中，还有几件好玩的"音乐衣"。其中有一条音乐短裤，只要你开始走路，它就会发出一些声音，每走一步都能听到声音！如果穿着"音乐衣"去公共场所，那么，你身后的人都能听到一些大小不同的声音，就好像有人在哼着歌。而且，当你调整行走的步伐时，衣服的声音也会跟着调整。怎么样，这些衣服好玩吧？

原来病毒 也会"做好事"

小朋友，知道自己为什么会生病吗？对啦，是病毒在你的身体里作怪呢！怎么办啊？赶紧去看医生吧，让医生把这些坏家伙赶跑。可

是，病毒是不能被全部赶跑的哦，因为我们的身体也需要一定的病毒。别不相信，要是没有它，我们很可能会有危险呢！

带来疾病和死亡的坏家伙

只要"病毒"出现，人们就会面临一些不幸，它们不仅会带来天花、鼠疫，还会引发艾滋病、疯牛病、SARS等。当病毒钻进我们的身体后，就会给我们带来很难治愈的疾病，甚至会夺走很多人的生命。

从本质上来说，病毒也是一种生命物质，不过它介于生命与非生命之间。病毒长得很小很小，我们用肉眼根本看不到它。只有借助几万倍或几十万倍的电子显微镜，才能看到这些小东西。病毒的结构一点儿都不复杂，一般都是由核酸和蛋白质一起构成的。不过有一种病毒很奇怪，像引起疯牛病的病毒，就只含有蛋白质，而没有核酸。

★恶魔原来是寄生虫

　　虽然病毒比细菌小、没有细胞结构，但它一样可以害人。只要找到寄居的宿主，病毒就可以在宿主的细胞内大量繁殖，并迅速导致细胞病变、死亡。如果病毒跑到细胞的外面，那它就跟非生命有机物完全一样了，既不能进行复制、生长，也不再有任何生命活动。所以说，病毒就是一个小"寄生虫"，只有进入其他生命体的活细胞之后，它才会表现出自己的生命形式。

　　入侵细胞成功后，病毒便将自身基因融入宿主的DNA，并抢占宿主细胞内的基因物质，然后就开始自我复制。另外，它还在宿主体内建立一个指挥中心，并用这个

游动的指挥中心控制宿主的细胞，让它们像奴隶一样不停地复制病毒。

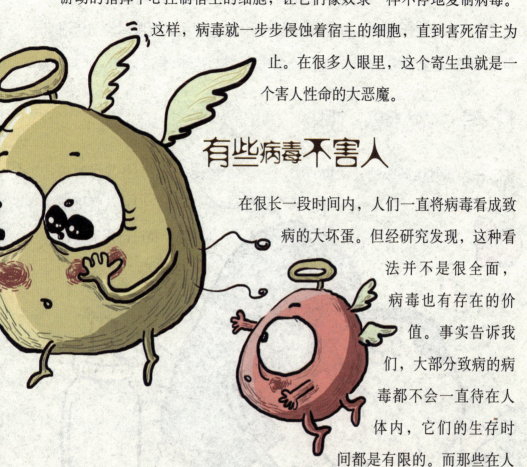

这样，病毒就一步步侵蚀着宿主的细胞，直到害死宿主为止。在很多人眼里，这个寄生虫就是一个害人性命的大恶魔。

有些病毒不害人

在很长一段时间内，人们一直将病毒看成致病的大坏蛋。但经研究发现，这种看法并不是很全面，病毒也有存在的价值。事实告诉我们，大部分致病的病毒都不会一直待在人体内，它们的生存时间都是有限的。而那些在人体内存在时间较长的，往往是少量的病毒变体。

一般情况下，这些病毒变体不会引起症状，更有趣的是，它们会成

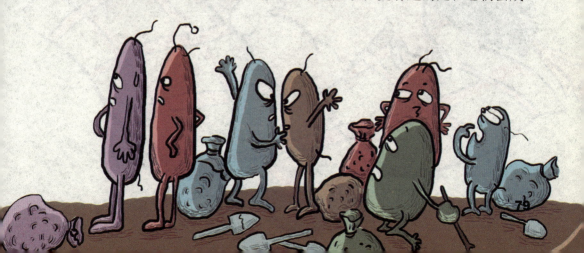

为身体的一部分，跟着宿主一起向前进化。比如有一种叫作ERV的病毒，又叫作内源性逆转录病毒，在共同进化的过程中，它跟哺乳动物细胞之间的关系很密切，并且成为了高级哺乳动物的好帮手。

坏蛋"做好事"咧！

在人和其他高级哺乳动物的DNA中，科学家发现了一些病毒的基因，它们是从哪里来的呢？经过研究证实，在病毒入侵人体和

高级哺乳动物细胞的时候，它会将自己的基因留在宿主的体内。而由于病毒的这种不小心，人和其他高级哺乳动物的细胞才有了进化的可能。

有些留下的病毒基因是很有善心的哦，它们会在子宫内帮助母亲形成胎盘。要是没有它们，不管是人类还是高级哺乳动物，在生存繁衍和种群发展方面可能还停留在原始阶段。研究人员称它们为"母亲的小帮手"，如果它们没有被留在人类的细胞内，也许我们人类也不会像今天这样聪明。小朋友，你说我们应不应该感谢它们呢？

ERV是那个小帮手吗？

ERV，是一部分病毒的残余。在很久以前，它们就偷偷进入了哺乳动物的染色体。如今，在高级哺乳动物的染色体DNA中，它已经成为不可缺少的组成部分。有的生物学家提出，在胎盘组织中，ERV基因具有高水平的开关转化作用，所以它们对胎盘的形成会有所帮助。原则上来说，生物体都具有排他的功能，但是子宫内的胎儿却不会被母亲体内的免疫系统排斥。而抑制免疫系统的物质，极有可能就是ERV。

趣味问答

能不让爷爷奶奶变老吗？

到了一定的岁数，人们的脸上就会出现一条又一条的皱纹，那是衰老的标志。当满脸都长满皱纹的时候，也就变成老公公、老婆婆了。皱纹真的很讨厌，害

得爷爷、奶奶越来越没有活力，有办法让它不出现吗？我们去问问科学家吧，看他们有没有办法。

人为什么要变老？

　　大部分生物学家都认为，人类生命的长短是由遗传决定的。要是将各类意外、早亡事件忽略掉，那与人类寿命关系最密切的就是个体遗传学的衰老变化。但是，有些生物学家并不认同这一观点，他们提出新的看法——衰老取决于基因。

　　通过对线虫的长期研究，生物学家发现，基因对生物的衰老及寿限确实有一定影响。为了寻找与人类衰老有关的基因，美国科学家详细分析了308名长寿老人的血样，并在第四号染色体上发现了异常。在那一段特殊的区域，总共存在着100至500个基因，长寿基因很可能就在其中。根据模式生物及人

类早老综合征的相关研究，不管是"衰老基因"和"长寿基因"，还是跟衰老相关的基因，主要都是一些行使日常功能的基因。当然，细胞衰老相关基因也是这样。有的生物学家提出，抑癌基因和癌基因极有可能是衰老的诱因。

谁有长寿基因？

通过调查研究长寿群体的家族，研究人员发现长寿具有一定的家族遗传倾向。在相当多的长寿家族中，90岁以上的老人基本都是两个或者更多。一些生物学家提出，遗传因素产生长寿群体的可能性非常大。也就是说，这些长寿老人及他们的家人都可能有长寿基因。

另外，人类长寿还有一个明显的特点，那就是女性长寿者远远多于男性，这代表长寿具有母系遗传倾向。在人体中，线粒体DNA也同样遵循母系遗传规律，因此，线粒体DNA对衰老或长寿也可能存在影响。目前，很多生物学家都在进行这方面的研究。

P16基因跟衰老有关吗？

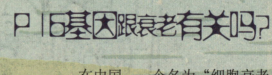

在中国，一个名为"细胞衰老与基因功能状态相互关系的研究"的项目已经完成。通过运用分子生物学的理念和技术，研究取得

了很多成果，比如在细胞衰老过程中，基因功能会有所变化，同时也发现了基因不稳定性增加的现象与规律。在这个项目中，科学家还发现了主导细胞衰老的关键基因——P16，并详细了解了其影响衰老进程的机制和调控方式。

P16为细胞周期的负调控因子，借助对细胞周期蛋白质依赖激酶（CDK 4和CDK 6）的抑制，它成功将细胞周期阻滞于G 1期。在细胞衰老、诱发肿瘤等过程中，P16都起着相当重要的作用。如人类细胞衰老时，它能长时间地持续处于高表达状态，比年轻细胞足足高出十几倍。很多国际学者也都提出，在人类的可

分裂细胞中，P16基因在控制衰老进程方面起主导作用。但P16的很多秘密还没有解开，科学家还得继续努力。

让人变老的其他原因

从医学角度来说，人类衰老可分为两部分，即程序性衰

老和非程序性衰老。所谓程序性衰老，主要指由遗传基因引发的衰老。遗传基因就像一个特定的程序，人类的生长、发育、成熟、衰老和死亡都由它决定，所以说它是生物信息的源泉。根据相关研究，单考虑基因程序的话，人的平均寿命为120岁左右。然而，在现实生活中很难有人活到这个岁数，大多数人只能活到七八十岁。怎么会有这么大的差距呢？

衰老不仅受遗传因素的制约，它还受其他因素的影响，也就是非程序性因素。非程序性衰老包含很多内容，如环境、营养和疾病等，凡是可以加快人体老化速度，使人类提前进入衰老的因素，都属于非程序性衰老。

趣味问答

世界上最长寿的人是谁？

据说，有一个名叫李青云的人，活到了256岁才去世。他是中国清朝到民国初年的中医中药学者，也是世界上著名的长寿老人，但还没有确切的史料考证。听说，在他200岁的时候，还常常去讲课呢！这期间，还接受过许多西方学者的来访。李青云一生娶过24个妻子，子孙满堂，有180位后人。按照这个年代推算，他应该是清康熙十六年（1677年）出生的，先后经历了康熙、雍正、乾隆、嘉庆、道光、咸丰、同治、光绪、宣统九代至民国，是世界上极罕见的寿星呀！

不会吧，植物里面有石油！

每天我们都会听到别人说，一定要节约资源，石油快没了、淡水快没了、森林也快消失了……尤其是石油，因为数量越来越少，所以变得越来越贵。人类也在探索新的能源，经科学家研究发现，有一种草里也有石油！等等，石油不是矿物资源吗？它怎么出现在植物中呢？真有这种绿色环保的"生物石油"吗？

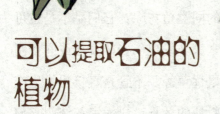

可以提取石油的植物

　　在芒属作物中，有一种叫作"象草"的芳草类植物，它的光合作用能力很强。这种植物跟稻子有很多相似之处，它同样是春种秋收、生长期短，而且能长到3米高，所以得名"象草"。象草不挑剔生长环境，从亚热带到温带的大片区域，都可以种植。另外，它的根状茎上拥有庞大的根系，能让它充分吸取土壤中的养分，所以它根本不需要化肥。

　　研究人员发现，象草是一种非常理想的石油植物。首先，它的种植成本特别低，连种油菜成本的1/3都不到。可是，跟用菜籽油提炼的生物柴油相比，它提炼石油所产生的能量却足足多出一倍。其次，它的产量很高，超过目前已发现的所有能源植物。第三，在收割时，象草的植株特别干燥，因此提炼石油时有较高的转化率。

咦，石油植物真不少！

随着象草的发现，很多科学家已经将目光投向植物。如果芒属作物可以提炼石油，那别的进行光合作用的同类植物呢？它们是不是也可以提炼石油呢？经过长时间的研究，科学家又发现一些能直接或间接制成石油的植物，如香胶树、银合欢树和鼠忧草等。不管是直接用于生产燃料油的植物，还是经过发酵能获得燃料油的植物，科学家统统叫它们"石油植物"。

现在，美国是种植石油植物最多的国家，种植面积达到几十万公顷，年产量在500万吨以上。菲律宾主要种植银合欢树，大约有1万多公顷。瑞士也拿出10万公顷的土地种植石油植物，并因此解决了国内的部分石油需求。在不久的将来，地球上的石油植物或许会越来越多，那时我们就不会再为资源匮乏而发愁了。

绿色又环保的新能源

在全球污染日益严重的今天，种植石油植物是挽救生态环境的好办法。因为是绿色植物，所以石油植物不含硫化物之类的有害气体，不会进一步污染大气。而且，在生物分解的过程中，它们也不会污染土壤和地下水。在提炼石油

的同时，这些植物还可以减少土壤的流失。时间长了，甚至还可以重新建立土壤层。所以说，它们是绿色环保的新能源。

在开采矿物能源的过程中，要经过勘探、钻井、开采和提炼等步骤；开采完后，还要从产油区运送至工业区，这需要很高的运输成本。而石油植物不仅可以大范围种植，而且能够再生，完全可以就地取材、化木为油。这样，既能降低成本又便于普及推广。另外，植物能源在使用方面要安全得多，一般不会出现重大事故。

树皮里流出来的"宝"

香胶树也是一种石油植物，它原产于巴西。割开香胶树的树皮后，会有一种类似胶汁的液体流出来。有趣的是，这种液体的成分跟石油

差不多，而它的化学特性又很像柴油。更让人惊讶的是，就算没有经过任何加工提炼，它也能直接被当作燃料油使用。假如经过一些简单的加工，人们就可以得到汽油。

而且，这种树每年都会溢出大量的胶汁，平均每棵树的年产量为40至60千克。在所有的石油植物中，它的性价比是最高的，算得上真正的"生物石油"。

趣味问答

鼠忧草的名字是怎么得来的？

在美国的加利福尼亚州境内，生长着各种各样的野草，其中有一种有怪味的草，它的味道特别怪，黄鼠等啮齿动物都不愿意靠近它，所以当地人叫它"鼠忧草"。这种野草也属于石油植物，能用它加工石油呢！研究人员发现，鼠忧草的产油量很高，1公顷面积的植物能提炼1吨石油。除了鼠忧草之外，美国还有几十种富含油的野草呢！

让太阳送
我们去太空

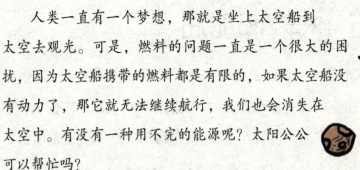

人类一直有一个梦想，那就是坐上太空船到太空去观光。可是，燃料的问题一直是一个很大的困扰，因为太空船携带的燃料都是有限的，如果太空船没有动力了，那它就无法继续航行，我们也会消失在太空中。有没有一种用不完的能源呢？太阳公公可以帮忙吗？

太阳风吹动太空船

太阳是一颗能量巨大的恒星，一直向宇宙空间吹送太阳风，它的主要成分是质子和电子。科学家设想，跟风吹动帆船的道理一样，太阳风也应该可以吹动太空船，如果在太空船上装一个大大的帆，那就可以将太阳风对太空船的压力转化为动力。这样，太空船就可以一直获得能量，能够长时间在宇宙中航行了。

太阳光中携带能量粒子，也就是那些光子，尽管不具有质量，但它们拥有光冲量，所以，从冲量守恒定律来分析，光子在反射时会损失一定的能量，而这部分能量会作用在太阳帆上，因此能将太空船推向相反的方向，使其能够持续前行。如果太阳帆研制成功，太空船就可以从太阳那里获得所需要的能量。据推测，跟当今最快的飞船相比，太空帆船的速度要快4至6倍，能达到每小时24万千米。

加速前进，太空帆船加油

小朋友，你知道太空帆船的原理了吗？是不是很简单啊？可惜的是，它只能在宇宙空间运行。在太空中，太阳光照射到任何东西上，都会给予轻微的压力。但是，我们在地球上却感觉不到，因为我们有保护伞——大气层。因为大气一直在不停地流动，所以来自太阳的压力被抵消了。离开地球后就不同了，我们没有了大气的保护，也没有其他介质

来影响压力，所以
阳光产生的压力会越来越大。

在理想状态下，当太空中不存在任何阻力时，太空帆船会接受阳光微弱的压力，并在其推动下以每秒1毫米左右的速度前行，而且会一直加速。假如能持续飞行3年，那飞船速度就会达到每小时160930千米。直到现在，还没有飞行器能达到这一速度，跟最先进的人类宇宙探测器"旅行者"号相比，太空帆船的飞行速度要高出2倍呢！

★空帆船的帆好★哦！

如果想得到充足的动力，那就要获得足够多的阳光，因此，太空帆船的帆一定要够大，而密度则必须得小。科学家认为，船帆的边长要有200米，密度最好在每立方米1至5克之间，这样才有可能进行一些远距离的探测。

当船帆的密度为每立方米1.5克时，阳光在帆上产生的推力就能等于太阳的引力。这时，航天器便可以运行到太阳的极地上方，并且能长时间地停在那里观察太阳的活动。科学家们都希望那一天早点儿到来，因为人类制造的航天器还没有到达过太阳极地的位置。

没有太阳风怎么办？

将来的某一天，太空帆船不会再满足于停留在太阳系内部，它会计划去另一颗恒星探险。那时，人们可能

会造出长1000米、密度为每立方米0.1克的船帆。因为那里没有太阳风，所以，为了保障飞船所需要的能量，这艘太空帆船还需要一个强力激光器及一个反射装置。强力激光器发出的光比太阳光强6倍，它会沿着地球的轨道运行。在土星和海王星之间，会有一个面积为692 402平方千米左右的巨型聚焦透镜，用来反射强力激光器的光。

这艘飞船的速度会很快，能达到光速的十分之一，差不多40年的时间，它就可以到达距太阳系最近的阿尔法半人马座恒星。不过，人类目前的技术水平还十分有限，还需要我们投入更多的时间和精力进行研究。

人类发射过几艘太阳帆飞船？

迄今为止，人类共发射过4艘太阳帆飞船。2001年和2005年，人类曾发射过两艘太阳帆飞船，但它们都以失败告终。2010年，日本研制的"伊卡洛斯"号太阳帆飞船、美国研制的"纳米帆-D"号太阳帆飞行器先后升空。其中，"伊卡洛斯"号是一艘双能量太阳帆宇宙飞船，它不仅利用光子反推力进行星际旅行，而且还拥有太阳能电力装置。这种双保险的设计，是人类的又一次尝试。

海洋里的"大风车"

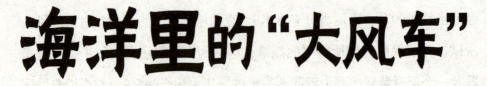

　　小朋友，你知道风车是做什么用的吗？对啦，就是用来发电的。风车站在那里转呀转，就能把风的能量都集中到一起，然后风能就被转化成了电能，我们就有电灯用了。海洋里也有风吗？为什么把风车放进海里呢？一起去看看吧！

风车在海里转呀转!

海洋里不会刮风，但是海水潮汐却能产生风的效果。经过长期研究，科学家发明了一种新的发电技术：制造一个开放式的"风车"，将其放入海底，利用海水的流动推动叶片旋转，将潮汐能转化为电能。这项研究共花费了600万欧元的资金，除了得到德国、英国和欧盟的大力支持外，一些欧洲研究机构也加入其中。第一台试验样机完成后，人们给它起了个好听的名字——海流。最后，研究人员选中英国西海岸布里斯托尔湾，"海流"被放到海面下20米深的位置。

海底风车长得真奇怪

远远看去，"海流"就像一个倒立的风车，跟着海水水流一起旋转。近处观察，它还挺袖珍的，"海流"的叶片直径只有11米，速度为每分钟15转。为了适应海水的涨落，科学家在风车的上端安装了固定竖塔，并保证其露出水面5至10米。

跟普通的水力发电设备相比，"海流"的涡轮机组并没有被安装在封闭的管道内，而是选择了开放式的叶片转动装置，所以不需要为它建造水坝。在相同的情况下，跟空气中风产生的能量相比，海水水流中产生的能量要强大得多，所以海底风车的尺寸要相对小一些。同样是1兆瓦的发电机组，如果是风力发电机风车，直径得是55米左右的叶片才可以；如果是海下"风车"，那直径为20米左右的叶片就可以了。

潮汐的能量好强★

据测定，全球海洋蕴藏的潮汐能大约有27亿千瓦。要是能够全部转化成电能的话，那每年能产生电能1.2×10^{12}千瓦，占当今世界总发电量的1/10。所以说，潮汐能的开发对人类的发展意义重大。

虽然地球上拥有丰富的潮汐能，但是，可以进行潮汐能发电的海滨地带并不是很多。如果想利用潮汐能进行发电，一定要具备两个条件：一是潮汐的幅度不能太小，最少也得达到数米；二是海岸地形要合适，不仅能大量储蓄海水，而且要符合土建工程的要求。

不用为电发愁了！

像英国这样海岸线较长的国家，比较适合用海下"风车"进行发电。英国负责运营"海流"的MCT公司声称，因为这项技术的出现，英国20%至30%的电力需求可以得到满足了。"海流"的发电功率不是很高，只有300千瓦，但科学家表示，今后会研制出兆瓦级功率的海下"风车"。据技术人员勘测，这种新型发电装置适合在欧洲的100多处海岸安装，其理论发电功率与12个普通核电站相当，能达到1.25万兆瓦。

但是，有的科学家提出，海下"风车"的发电成本有些过高，每千瓦就要付出5至10个欧分。还有科学家认为，在海下"风车"转动的时候，会产生强大的力量，除了会影响周边海水的流动外，还可能伤害到某些海洋生物。所以，在利用潮汐能发电的同时，还有许多问题需要探索。

趣味问答

海底风车会受天气影响吗？

研究人员表示，这项新技术具有历史性的意义，能够弥补水能、风能和太阳能发电的不足。它最大的优势就是，不会受到天气、季节变化的影响。如果地球不停止自转，月球不停止围绕地球运行，那么，潮汐能就不可能消失，海底风车也不会停下来。而且，潮汐能还是一种无污染、可持续的能源。

要是不用**睡觉**该多好!

到了周末的时候，小朋友都玩得特别开心，晚上也不想上床睡觉。可是，到了周日晚上，妈妈就会说："要是不赶紧睡觉，明天就起不来了。"为了第二天早上能去上学，小朋友只好乖乖去睡觉了。唉！要是能一直不用睡觉该多好，想玩多久就玩多久。

可以几天不睡觉吗？

人不能一直不睡觉，那样就会迷迷糊糊的，没法工作和学习，而且过马路也很容易出事哟！小朋友或许就想："只要能几天不睡觉就好了！这样总可以了吧？"其实，科学家们早就在进行这方面的研究了。如果能想到一个办法，能让人三五天不用睡觉，而且能一直处于头脑清醒、精力旺盛的状态，那么人们就可以集中精力做好一件事情，也能避免因过度劳累而出错或出现事故。

在一份报告中，美国国防部高级研究工程局表示："在军事行动中，如果可以让部队不用睡觉，并且能保障士兵们的健康，那将是一项伟大的变革，作战和军力部署都会出现质的改变。"为了消除或暂时消除睡眠，他们制订了一个分步骤、分层次的研究计划。除了用磁共振干扰士兵的大脑，他们还对不眠动物的神经中枢结构进行了分析。

那些不睡觉的动物

在哺乳动物中，海豚就从来没有真正睡着过。由于生活在水中，为了保持呼吸的顺畅，海豚要一直保持清醒的状态。为了做到这一点，它们的大脑就不能全部进入休息状态，只能一部分休息一部分

清醒。所以说，自然界中肯定有这么一个秘方，可以让大脑长时间处于清醒的状态。

在美国，有一种叫作白头雀的候鸟。在两年的时间里，它要从阿拉斯加飞往加利福尼亚，然后再返航。长达数千里的迁徙过程中，白头雀没有睡过一次觉。就算被关进笼子里，它们还是蹦来跳去，也不会停下来休息。研究人员将微型感应器装到几只白头雀的头上，想看看在一直不休息的情况下，这些鸟儿的大脑活动有什么变化。在同一时间内，他们还对白头雀的认识能力进行了测试。结果证明，虽然不眠不休一周左右，但它们的大脑并没有出现异常。

拥有不眠能力的基因

为了让人类拥有动物的这种本领，科学家想到了各种办法。像基因方法，就是其中的一个。对科学家来讲，人类基因组中的很多基因至今还披着神秘的面纱。就说那些被称为"垃圾"的DNA吧，虽然它们对人类毫无意义，但在其他动物那里，它们极有可能因此而拥有某些特殊的能力。只要知道哪些基因具有这样的作用，科学家就可以在人体内找到这种基因，然后将它激活，使人类也拥有不眠的能力。但是，为了人类的安全，研究人员不会直接在人身上做实验，他们会先从老鼠、果蝇等动物开始。

有没有神奇的小药丸？

科学家还想了一个主意，那就是改进老方法，研制出能刺激大脑的新药物。在很早以前，为了让军队时刻保持高度的警觉性，军方就让士兵大量服用咖啡因或其他药物。"二战"期间，美国、英国、德国和日本的士兵就曾大量服用安非他明，确实有一定的效果，士兵的疲劳不仅得到缓解，忍耐力也有所增强。

　　但是，由于它是一种兴奋剂类的药物，所以会对身体产生极大的副作用，很多士兵因此而受害。因此，不应该让士兵服用这些治疗临床疾病的药物，应该专门为他们研制出一种药物。这种新药不仅要达到预期的效果，而且还不会对身体产生危害。

趣味问答

睡觉对我们重要吗？

　　每个人都离不开睡眠，没有睡眠，人体机能就无法进行正常运转。科学家至今也没有弄明白，为什么睡眠对人类非常重要。但是，谁也不能否认一点，如果睡眠不足的话，人们容易犯各种各样的错误，甚至还会引发许多悲剧。就算真的能一直不睡觉，那我们的身体可能也会承受不住，或许我们会提前衰老。因此，在几天内能保持清醒就已经可以了，千万不要想一直不睡觉哟！

一起移居火星吧，
出发！

科学家一直在思考一个问题，除了地球之外，还有没有能住人的星球。如果有的话，那我们就可以移民到那里生活，地球就不会因为人太多而烦恼了。听说，火星是地球在太阳系里的兄弟呢，不知道上面能不能住人。带上先进的仪器和设备，咱们去火星上考察一番吧！

这个地方能住人吗？

　　火星是一个特别荒凉的星球，它的表面大大小小的火山随处可见，所以远远看上去，就像是披着一层红色的外衣。看起来如此恐怖的星球，可以住人吗？据说，火星上面的温度特别低，即使在赤道地区，它白天的温度也只有20℃，到了晚上会下降到-80℃呢！在火星的两极，温度最高才-70℃，最低能降到-140℃。在低气温的环境下，人类只能穿着太空衣活动，不然很快就会被冻死的。

　　既然在火星上这么不方便，为什么科学家还想着让人类移居到那里呢？这是因为，科学家发现，这个星球跟地球有很多相似之处，移居的可能性相对大一些。

地球遗落的"兄弟"

有人说，地球将一个兄弟遗落在了太阳系中，它就是火星。火星真的是"第二个地球"吗？不可否认的是，火星确实跟地球很像。

首先，火星的运行规律跟地球很相似。火星绕太阳公转一圈需要687天，跟地球公转两圈的时间差不多。火星自转一圈需要24小时37分22.6秒，比地球多用41分钟。更有趣的是，火星自转轴的倾角为25.19

度，比地球稍微大一点儿。所以，火星跟地球一样有季节之分，并且能划分出热带、南温带、北温带、南寒带和北寒带等"五带"。

其次，尽管火星比地球要冷一些，但它的平均温度跟地球差得不太多，还是可以接受的。另外，火星上还存在少量的大气，具有很强的可塑性。因此，在人类寻找可以移居的另一个星球时，就将火星作为了首选。

哇，资源太丰富了！

跟光秃秃的月球相比，火星可以称得上多姿多彩了，它拥有非常丰富的资源。人们要是移居到这里，除了可以获得生活的必需原料之外，还可以找到科技文明发展的素材。在火星上，科学家发现了被冰冻在土中的海洋，那里有大量的碳、氢、氧和氮。千万不要小瞧这四种元素哟，它们可是神通广大的"能人"，缺少它们，就无法构成食物、水和空气；在塑料、木材、纸张和衣服等必需的原料中，都有它们的影子；最关键的是，如果没有它们，人类就无法制造火箭燃料。

更神奇的是，火星跟地球的经历也差不多，在历史上都出现过火山运动和水文运动。在地球上，这种运动可以产生大量的矿产资源，那火星应该也不会例外。可想而知，火星就是一个大宝藏，我们快去开发它吧！

理想的移居星球

不管是我们人类，还是地球上的其他物种，对水的需求都是必不可少的。在火星的表面，探测器并没有发现液态水。但是，科学家认为，火星的地热能非常丰富，所以火星的地表下应该保存着液态储存水。而这种液态储存水的存在，说明在远古时期的火星上可能生活着微生物，因为这个星球可以为它们提供生存所需的养料。

将来，等人类登陆火星时，液态储存水也可以为他们提供充足

的水和地热能，让先驱者们在这里建造属于人类的绿洲。经过我们人类的建设，火星将会是另一番样貌，它会更像我们的地球。

趣味问答

人类计划什么时候登陆火星？

移民火星是一个长期的工程，科学家要付出很多很多的努力，攻克一个又一个的难题。据科学家设想：在2015年至2030年之间，地球发射的火箭将登陆火星，第一批太空人将开始对火星进行各种研究，如试种作物、分析生存环境和寻找生物等；到2115年至2150年之间，火星有可能成为适宜人类居住的星球，甚至会出现一座移民城市。当人类可以在火星上生活时，火星就成了真正的第二家园。

发现更多的
海洋"宝贝"

地球表面的70%以上都是海洋,海洋的面积比陆地面积要大1倍多呢。既然陆地上有那么多的矿产资源,海底是不是也有呢? 要是海洋里也有石油、天然气等资源就好了,我们就不用担心汽车没油"喝"了。小朋友,跟我一起去海底探险吧!

海底的四大矿产资源

　　海洋拥有非常丰富的矿产资源，在大陆架浅海海底，人们发现了大量的石油、天然气、煤、硫和磷等矿产资源。据测算，海底的石油含量占世界油气总量的77%，可达1 350亿吨，其中将近60%都能够开采。资源总量大约有6 000亿吨，因为石油、天然气、锰结核和热液矿床的含量较为丰富，它们被称为"四大海底矿产"。

　　在各种矿产资源中，锰结核是公认的最有开采价值的一种，除了含锰量较高之外，它还含有其他30多种元素。它们主要分布在水深2 000至6 000米的大洋底部，尤其是北太平洋水域内。如果按照现在全球的年消耗量来计算，这些金属足够人类使用上千年之久。

海里长粮食吗?

虽然海洋里不生长粮食，但海洋集中了地球80%的生物资源，所以科学家叫它"天然的大粮仓"。在海洋中生活的生物多达20多万种，其中有18万种都是动物，仅鱼类就占了大约9%。跟陆地提供食物的能力相比，海洋的能力超出了1000倍。在不破坏海洋生态平衡的情况下，我们每年可以获得30亿吨水产品。小朋友，你知道30亿吨有多少吗? 形象地说，以中国为例，要吃30年才能全部吃完。

另外，海洋生物的营养也更丰富，其物质蛋白、维生素的含量都很高。大家都知道牛肉有营养，但它只含有23%的蛋白，而海带的蛋白含量高达50%。而藻类呢，它的维生素含量比陆地植物高出3万倍。其实，科学家早就在关注一些海洋生物，并打算将它们开发成新型药物或保健品。听说，有上万种海洋生物都可以用来制取药品呢！

丰富的可再生能源

在陆地上，除了有石油、天然气等不可再生能源外，还有风能、太

阳能等清洁可再生的能源。当然，海洋能源中也有各种绿色能源，如波浪能、潮汐能、海流能、温差能和盐能等，这些都是能够发电的海水能量。据估计，波浪能的发电能力有700亿千瓦，温差能的发电能力有500亿千瓦，盐能的发电能力有300亿千瓦，潮汐能的发电能力有27亿千瓦，海流能的发电能力有1亿千瓦，加起来是全球发电总量的十几倍呢。另外，海洋中还含有大量的氘，它能产生巨大的核聚变能量。

会呼吸的海洋

其实，海洋本身也是一个"宝贝"哟。要是没有海洋充当大气的空调器，我们很难呼吸到适宜的空气。大气的主要热源就在地

球表面，而海洋面积超过地球表面的2/3，这么看来，海洋对调节大气平衡具有至关重要的作用。大气能实现热量平衡、水分平衡，海洋的积极参与是不可或缺的。

趣味问答

氘是什么东西？

氘，是氢的一种同位素，它跟氚反应生成氦的同时会产生巨大的能量，这一过程就是所谓的"核聚变反应"。据统计，仅10克氘所产生的能量，就足够一个人用一辈子的了，而且还会有剩余；如果要提取10克氘，从海洋中取500升的海水就行了。如果科学家能成功提取氘，并研制出可控核聚变反应，那人类的能源问题就能解决了。

整个海洋就像一个大的生命体，它每时每刻都在呼吸吐纳，因此，它跟大气之间的物质交换、能量交换从未停止过。跟同体积的空气相比，海水的热容量要高出3000多倍。而且，海水的温度变化相对要小一些，海洋上空的气温变化相对要慢一些。如果没有海洋与陆地之间的空气流动，陆地的气温变化可能会更大，我们就会生活在骤冷骤热的环境中。所以，海水在调节陆地温度方面起着不可替代的作用。

为什么每个人的样子都不同？

小朋友，仔细看看你身边的老师、同学，是不是发现每个人都长得不一样呢？就连一对双胞胎兄弟，如果仔细观察，还是会发现他们之间的不同。这是为什么呢？其实呀，这是因为我们的身体里有一种叫作"基因"的东西，因为基因有差异，所以才让每个人都显得很特别。

探索生命的奥秘

1990年，一项人类基因组计划在美国正式启动，科学家称它为"生命科学的登月计划"。基因是什么呢？它是生命遗传的物质基础和基本单位，是具有遗传特性的DNA(脱氧核糖核酸)分子片段。人类基因组，以DNA分子中的碱基为基本成分，一共包括30多亿个碱基对。这项计划的主要内容是研究人类基因组DNA分子中所有碱基的排列顺序，

并绘制出序列图，也就是构建人类基因组的序列图。最终目的是探索生命的奥秘。

在世人期待的目光下，人类基因组研究项目顺利完成，负责人弗朗西斯·柯林斯博士公开宣布，经过各国的共同努力，已经成功绘制出人类基因组序列图，计划的预定目标全部实现。

生命"说明书"

经过十几年的努力，一部集合了多国科学家心血的"人类生命天书"终于完成。这部天书就是人类基因组序列图，它的精度超过99%、误差还不足十万分之一，就连原本被忽略的15万个细节也都一一被找到，可以称得上是完美的杰作。它是一份生命"说明书"，而且是一份建立在分子层面上的说明书，所以它具有非凡的意义。除了帮助人类更好地认识自我之外，

它对生命科学、医学科学的发展也会产生巨大的推动作用。

在创作天书之初，科学家们一直认为人类应该有10万个基因组，但最后的结果出乎大家的预料，仅有2.5万个。真有意思，人类的基因数量居然跟微小的开花植物大致相同。别担心，虽然基因数目相同，但排列顺序可并不一样哦，我们是不会变成小花的。

每个人都有自己的特点

因为基因的千差万别，所以每个人都有自己的独特之处。像眼睛的大小、鼻梁的高低、身材的匀称度，都跟基因有关系呢！有一种基因叫作"HLA-DQB1"，经科学家研究发现，拥有这种基因的人梦游

的可能性更大，是普通人梦游概率的4.5倍。有的小朋友特别容易生病，有的小朋友则几乎不生病，这也跟基因有关系哟！大家都感冒了，为什么有的小朋友吃了两片药就好了，而有的小朋友也吃同样的药，却总是好不了呢？科学家认为，这可能跟个体DNA序列的差异有关。

滥竽充数的"家伙"

跟其他生物的基因相比，人类基因的"碎片化"程度相对较高。在有机体中，包含遗传信息的基因几乎都不是完整的，它们很难完整、纯粹地保留。多数情况下，它们都被分割成无数个碎片，而碎片之间的

"联结物"就是那些不包含遗传信息的碎片。这就像在电视剧中插播广告一样，因为广告的存在，所以电视剧的情节变得不连贯了，"联结物"也使遗传基因变得不完整了。

因此，要想了解生命的奥秘，我们就要把基因中的无用碎片给分离出来，把这些滥竽充数的家伙赶走，我们才能看清楚基因的本来面貌。

趣味问答

基因碎片可以分成几类？

除了滥竽充数的家伙外，还有不少有用的基因碎片呢！一般来说，基因碎片可分为两类：一类是包含遗传信息的碎片，也就是有用碎片，叫作"extron（外显子）"；一类是不包含遗传信息的碎片，也就是无用碎片，叫作"intron（内含子）"。科学家还发现，跟有用的碎片相比，没用的碎片要大得多。

复制出
另一个"自己"

　　人类是最聪明的动物，研究发明了很多伟大的先进设备和机器，如计算机、原子弹、氢弹、火箭、飞船、人造卫星等。而且，有的科学家还打算"复制人"呢！这是怎么一回事？人也能复制吗？我们一起来看看吧！

两只一模一样的绵羊

1997年初，英国罗斯林研究所的科学家们宣布，他们用体细胞成功克隆了一只绵羊，这只克隆绵羊名叫"多利"。从那以后，多利不仅成了动物界最有名的绵羊，而且成了全人类最感兴趣的动物。作为一个专业名词，"克隆"也成了一个流行语。

继多利之后，科学家们又陆续克隆出一些动物，这其中既有常见的羊、牛、猪、鼠、兔和猫，又有跟人类特征最为相近的动物——灵长类的猴子。虽然取得了一些成绩，但是，克隆技术还没有发展到成熟阶段。要想熟练掌握这门技术，并安全地使用它，还需要很长的时间。

有"克隆人"吗?

　　克隆技术能给人类带来很多好处，如培育家畜新品种，繁衍濒危动物和进行生物研究等。因此，很多国家都在加大科研力度，对各种动物进行研究和应用。当"克隆"和"人"字放到一起，构成"克隆人"时，有些人就感到害怕了，而另外一些人则开始兴奋。对是否将克隆技术应用于人类这一问题，一直存在较大的争议。

　　2003年，在德国柏林举办了主题为"生物医学研究和生殖中的克隆技术"的研讨会，大会邀请了多名不同领域的克隆研究专家。大家在会上达成一个共识，即禁止研究生殖性"克隆人"。然而，在要不要进

行医疗性克隆研究的问题上，大家并没有统一意见。随着克隆技术的发展，"克隆人"或许真的会出现哦！

复制人一点儿都不好玩！

尽管克隆技术有一些好处，但谁也不能否认，它在挑战生物的多样性。生物多样性不仅是千万年来自然进化的必然结果，而且是继续

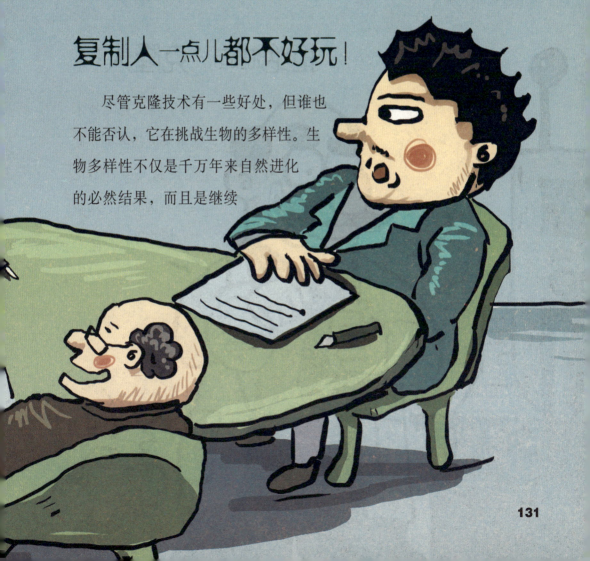

进化下去的动力。而有性繁殖，则是生物多样性形成的基础条件。克隆技术属于无性生殖，只是简单的复制，它既不能增加生物的品种，也不能增强个体的生存能力。所以，它只能阻碍生物界的进化脚步。

最让人们担心的就是"克隆人"，如果这项技术被滥用于复制人类，地球将会因此而失去控制，甚至会引发空前的生态混乱。比如说，虽然两个小明长得完全一样，但是他们之中只有一个是爸爸妈妈的孩子，可到底哪个才是真的小明，谁也不知道了！小朋友们，你说这样是不是很吓人啊？

拒绝制造"克隆人"

为了确保克隆技术只被用来造福人类，而不是复制人类，不论是世界各国政府，还是科学界，都采取

了一系列禁止制造"克隆人"的措施。遗憾的是，尽管全球立法都禁止这一行为，但还是有一些特别固执的人不愿意放弃，他们被称为"科学疯子"。也许这些人的初衷并不坏，并不是单纯地要复制人类，而是出于医疗或别的目的。但是，一旦"克隆人"被制造出来，谁又能保证这一技术不会被坏人利用呢？所以，为了全人类的利益，确实不应该制造"克隆人"。

"克隆"是怎么回事？

克隆，原来指将幼苗或嫩枝插条，借助无性繁殖或营养繁殖来培育植物。像扦插、嫁接，都属于克隆。后来，克隆技术被用于动物，成为一种借助体细胞完成的无性繁殖，后代个体的基因型与母体完全相同。其实，动物克隆试验的成功率非常低，100个克隆胚胎中只能成活1至2个。虽然技术在以后会有所提升，但为了确保物种的多样性，最好还是不要应用到人类身上。

让没用的垃圾
为我们发电

　　小朋友，你们家每天丢掉几包垃圾呀？下次陪妈妈丢垃圾的时候，一定要记得数一数哟！由于每个家庭都会制造一些垃圾，而中国又有几亿个家庭，所以每天都会丢很多很多的垃圾。这么多的垃圾都去了哪里呢？它们真的是没用的废物吗？

剩菜剩饭也是能源？

以前，谁也不会在垃圾跟能源（或矿藏）之间画上等号，总觉得垃圾没有任何用处。对地球的生态环境来说，垃圾不仅毫无益处，而且还是大大的污染源。

如果一直被动地控制和销毁垃圾，那它只能成为污染源，很难变成资源。为了解决垃圾泛滥的问题，世界各国的专家们都在发挥自己的聪明才智，以便能科学合理地对垃圾进行综合处理。在某些国家，垃圾甚至被改造成"第二资源"，为经济持续发展作出了新的贡献。

垃圾让电灯亮起来

　　垃圾的传统处理方式非常不可取，像自然堆放、卫生填埋等都有一定的弊端，除了要占用大面积的土地外，还会给环境带来长期、严重的二次污染。特别是地下水源和空气，会遭受相当严重的污染。因此，世界各国都在致力于城市生活

垃圾的研究，朝着垃圾处理无害化、减量化、资源化的方向努力。

后来，人们终于找到一条有效、环保又经济的途径，那就是利用现代工业技术对垃圾进行高温焚烧，将垃圾转化为热能与电能。用垃圾点亮电灯，确实是个好主意。在处理城市生活垃圾方面，世界发达国家一般都采取这一方法。借助这一方法，西方发达国家将70%至80%的垃圾当成资源给消耗了。

啊，花钱买垃圾？

早在19世纪70年代，一些发达国家就开始用垃圾来发电。不少欧美国家都建成了自己的垃圾发电站，像美国，甚至建起一座100兆瓦的垃圾发电站，每天能消耗60万吨垃圾。而德国的垃圾发电厂，因为本国的垃圾不够用，所以每年都要花钱去国外买垃圾来发电。

现在，全球大约有数千家类型不同的垃圾处理厂，而且这个数字正以惊人的速度增长。有专家表示，垃圾中含有不少有价值的二次能源，如含热值较高的有机可燃物，其焚烧后产生的热量能达到同质量标准煤的1/2。

对中国来说，如果能充分、有效地利用垃圾能源，那每年都可以创造出可观的经济效益和能源效益。保守估计，每年最少能节省5 000万至6 000万吨的煤炭。

不用为垃圾发愁啦！

随着科技的进步，日本又研究出一种超级垃圾发电技术。安装上这种新型熔炉之后，炉温可以控制在500℃，发电效率能提高10个百分点，有毒废气排放量也大大降低了（不超过0.5%）。既然技术方面越来越成熟，相信人类很快就不用为垃圾发愁了。

从现阶段来看，跟传统的火力发电相比，垃圾发电的成本还是要高一些。但专家坚信，随着垃圾应用技术的不断进步，回收、处理、运输和综合利用等环节的效率都会有所提高，成本也会慢慢降下来。到那时，垃圾发电将会被列入最经济的发电技术。更重要的是，垃圾发电是一种"绿色"技术，人类能获得环境效益和社会效益的双丰收。

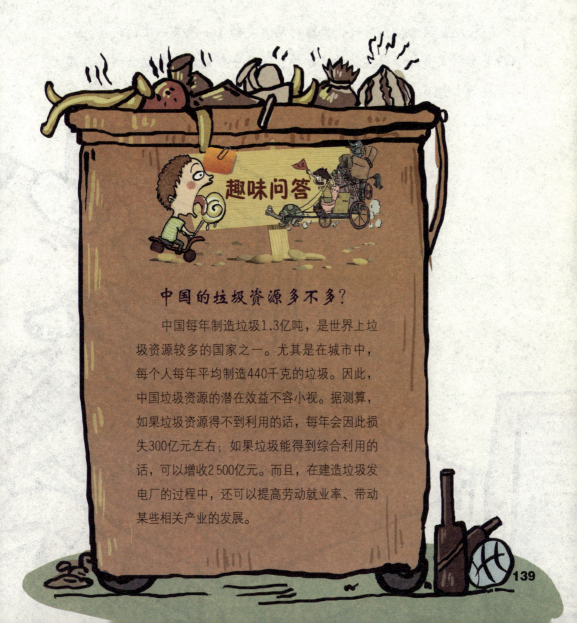

中国的垃圾资源多不多？

中国每年制造垃圾1.3亿吨，是世界上垃圾资源较多的国家之一。尤其是在城市中，每个人每年平均制造440千克的垃圾。因此，中国垃圾资源的潜在效益不容小视。据测算，如果垃圾资源得不到利用的话，每年会因此损失300亿元左右；如果垃圾能得到综合利用的话，可以增收2 500亿元。而且，在建造垃圾发电厂的过程中，还可以提高劳动就业率、带动某些相关产业的发展。

真的会有
网络大战呀！

　　21世纪是网络信息时代，黑客对网络发动了一次又一次的进攻，而网络警察则充当起了计算机的守护神。既然一般的网络都这么热闹，那军事战场上会不会也受到波及呢？当然了！现在，我们就来说说制网权的事儿！

快看，"黑客" 来啦！

进入21世纪后，人类进入了后IT时代，网络信息的发展速度更快了。网络本身就具有开放性、共享性和互联性的特点，再加上一些专用网络的出现，如金融网、高科技网和购物网等，所以网络成了地球上最热闹的地方，也创造出越来越多的效益。

当然，这块蛋糕让不少人垂涎三尺，尤其是那些熟知网络秘密的"黑客"。为了能分到一杯羹，他们在互联网上设下埋伏，偷偷窃听秘密情报。通过搜集网络上不加密重要节点，他们可以拦截网上传输的关键数据，接下来，只需要借助传统的搭线法，黑客就能得到自己想要的东西了。

网络世界的主导权归谁？

在信息技术领域，网络信息的地位越来越凸显。毫无疑

问，在未来信息战中，制网权直接关系到战争的成败。制网权包含两部分内容：一是剥夺敌方的网络权利，使其无法控制和使用计算机；二是保障自己的权利不被剥夺。在这一过程中，第一步要先保护好自己，防止敌方入侵自己的计算机网络与信息系统，保障己方作战系统的安全；第二步才是攻击敌人的网络系统，采用一切可能的手段和措施，入侵敌方的作战系统，摧毁对方的计算机网络与信息系统，使其战斗力降低或丧失。

一般情况下，争夺制网权有两种方式，即软方式和硬方式。就现在来说，软方式在争夺制网权中使用

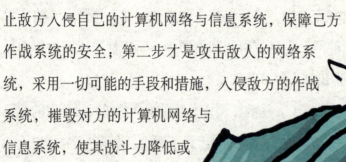

较多。软方式跟计算机专业技术有密切的关系，它主要凭借电脑黑客、病毒对抗等手段，来对敌方计算机网络系统进行侵扰、破坏。

天呐，网络战争好厉害！

在高科技战争时代，网络战场同样不可小觑。如果没有计算机这一载体，如果没有安全性较高的网络系统，就不可能将各种人员、装备以最好的方式组织到一起。战争的任何一方，一旦没有了网络的支撑，其作战优势也将不复存在。因此，围绕着攻击敌方网络和保护己方网络这两个重心，交战双方必然会有一场激烈的对决。

举个例子，利用网络节点或链路，一方入侵另一方与经济、军事相关的互联网络，解密其政治、经济和军事方面的信息，然后窃取情报。完成任务后，还可以破坏对方的网络系统，如植入计算机病毒、更改数据库、发布假命令和毁坏网络软硬件设施等。

趣味问答

电脑病毒会传染给人吗？

一些不了解电脑和网络的人，常常会问：电脑病毒会不会传染给人？小朋友如果了解电脑病毒知识的话，一定会笑着说："当然不会啦！"

没错，电脑病毒不会伤害人体，但它会对我们的电脑系统造成一定的损害。电脑病毒是一段非常小的（通常只有几KB）会不断自我复制、隐藏和感染其他程序的程序码。它在我们的电脑里执行，并且导致不同的后果，可以让电脑里的一些东西消失或发生改变。所以，我们在用电脑的时候，一定要注意经常"杀毒"哦！